KB126910

눈부신 대륙의 갑옷천사 지중해 육지거북

Mediterranean Tortoises

Published by Interpet Publishing
© 2006 Interpet Publishing
Korean translation rights © Simile Books, 2022
All rights reserved.

This Korean edition was published by Simile books in 2022 by arrangement with Interpet Publishing through Shinwon Agency.

눈부신 대륙의 갑옷천사 지중해 육지거북

2022년 04월 30일 초판 1쇄 찍음
2022년 05월 10일 초판 1쇄 펴냄

제작기획 ǀ 씨밀레북스
책임편집 ǀ 김애경
지은이 ǀ 랜스 젭슨
옮긴이 ǀ 이수현·이태원
펴낸이 ǀ 김훈
펴낸곳 ǀ 씨밀레북스
출판등록일 ǀ 2008년 10월 16일
등록번호 ǀ 제311-2008-000036호
주소 ǀ 서울 서대문구 충정로 53 골든타워빌딩 1318호
전화 ǀ 02-3147-2220/2221 **팩스** ǀ 02-2178-9407
이메일 ǀ cimilebooks@naver.com
웹사이트 ǀ www.similebooks.com

ISBN ǀ 978-89-97242-14-6 13490

마니아를 위한 PET CARE 시리즈

18

눈부신 **대륙**의 **갑옷천사**

지중해 육지거북

Mediterranean tortoise

랜스 젭슨 지음 | **이수현·이태원** 옮김

씨밀레북스

Contents

Chapter 01

지중해 육지거북의 생물학적 특성

지중해 육지거북의 정의와 기원 및 신체적인 특성과 기본적인 생태에 대해 알아보고,
지중해 육지거북에서 볼 수 있는 여러 가지 특유의 행동과 습성 등에 대해 살펴본다.

지중해 육지거북의
정의와 기원, 진화

지중해 육지거북(Mediterranean tortoise, *Testudo*)은 비교적 작은 크기(대부분 소형에서 중형의 크기)에 귀여운 모습으로 거북 애호가들에게 폭넓은 사랑을 받으며 인기를 끌고 있는 육지거북종이다. 이번 섹션에서는 지중해 육지거북이 어떤 동물인지 이해하는 데 도움이 되는 기본적인 사항들에 대해 살펴보도록 한다.

지중해 육지거북의 정의

지중해의 사전적인 의미는 대륙 사이에 낀 바다를 뜻하며, 일반적으로 '지중해(Mediterranean Sea)'라고 하면 아프리카·아시아·유럽의 3개 대륙에 둘러싸여 있는 유럽-아프리카 지중해를 지칭한다. 유럽-아프리카 지중해는 서쪽은 지브롤터 해협(Strait of Gibraltar)으로 대서양과 통하고, 동쪽은 수에즈 운하(Suez Canal)로 홍해·인도양과 연결되며, 북쪽은 다르다넬스 해협(Dardanelles Str.)·보스포루스 해협(Bosporus Str.)으로 흑해와 이어진다. 지중해 육지거북은 이 유럽-아프리카 지중해(이하 지중해)를 둘러싸고 있는 유럽, 아시아, 아프리카의 세 대륙에 서식하는 육지거북을 통틀어 이른다.

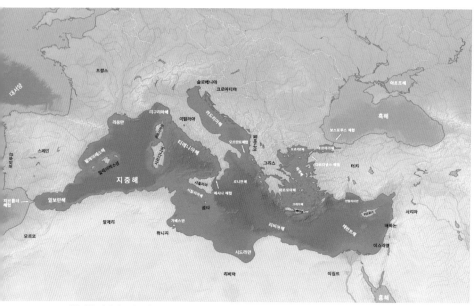

지중해를 나타내는 지도 ⓒ OH 237 CC BY-SA 4.0

북아프리카와 남유럽에 서식하는 그리스육지거북(Greek tortoise; *Testudo graeca spp.*) 콤플렉스(complex), 유럽에 서식하는 헤르만육지거북(Hermann's tortoise, *Testudo hermanni*)과 마지네이트육지거북(Marginated tortoise, *Testudo marginata*), 북아프리카에 서식하는 이집트육지거북(Egyptian tortoise, *Testudo kleinmanni*), 아시아에 서식하는 호스필드육지거북(Horsfield's tortoise or Russian tortoise, *Testudo horsfieldii*) 등이 지중해 육지거북의 범주에 포함된다.

그리스육지거북 콤플렉스는 지중해 연안에서부터 중동에 이르는 광범위한 지역에 분포하며(남유럽, 북아프리카, 서남아시아), 헤르만육지거북은 프랑스 남부, 스페인 남부, 이탈리아, 발레아레스 제도(Baleares islands: 지중해의 서부에 있는 에스파냐령 제도), 그리스, 발칸반도와 터키에 서식한다. 마지네이트육지거북은 사르디니아와 토스카나에 일부 개체군이 존재하고 있지만, 자연서식지의 범위는 남부 그리스로 제한된다. 이집트육지거북은 리비아에서 시나이반도(Sinai Peninsula: 지중해와 홍해 사이에 있는 삼각형 모양의 반도)까지 이르는 북아프리카에 서식하며, 호스필드육지거북은 아시아 종으로서 주로 동부 이란, 아프가니스탄, 카자흐스탄, 파키스탄에 서식하고 있다.

거북, 파충류의 분류

거북의 분류에 대해 논의하기 앞서 거북이 파충류라는 사실을 인식하고, 먼저 파충류의 분류에 대해 알아두는 것이 중요하다. 아울러 거북의 진화연대표를 도식화하기 위해서는 그들이 파충류 분류표 가운데 어디에 위치하는지를 고려할 필요가 있다는 점도 기억하자. 파충류는 양막류(羊膜類, Amniota)에 속하며, 여기에는 알을 낳는 모든 생명체와 그 자손들이 포함된다. 양막류는 난생 또는 난태생, 태생으로 번식하는 동물을 이르며, 척추동물 가운데 발생초기단계에서 배아에 양막(羊膜, amnion), 요막(尿膜, allantois), 장막(漿膜, chorion)이 형성돼 배를 둘러싸 보호하거나 호흡 및 노폐물처리, 영양분공급 등의 역할을 수행하는 네발동물을 지칭한다.

척추동물문의 각 강(綱)은 배(胚)의 발생 도중에 배를 싸는 양막의 형성 여부에 따라 두 개의 아문(亞門)으로 분류하는데, 이때 파충류·조류·포유류와 같이 양막을 형성하는 무리를 양막류 또는 유양막류라고 한다. 또한, 부화 이후 아가미가 없이 폐로 호흡하기 때문에 무새류(無鰓類)라고도 부른다. 양막동물은 다음과 같이 무궁류(無弓類, Anapsida), 단궁류(單弓類, Synapsida), 이궁류(二弓類, Diapsida)로 분류할 수 있다.

■**무궁류**(無弓類, Anapsida) : 무궁류에는 거북 계통을 비롯한 다양한 초기파충류가 포함된다. 무궁류는 두개골 관자놀이 근처에 측두창(側頭窓, emporal opening; 눈의 뒤쪽에 있는 개구부)을 가지고 있지 않은 그룹으로 펜실베이니아기(Pennsylvanian Period) [1] 에 출현해 현세까지 일부가 생존하고 있다.

■**단궁류**(單弓類, Synapsida) : 단궁류 그룹은 멸종된 포유류형 파충류와 현생포유류를 포함한다. 단궁류는 무궁류에서 갈라져 나왔으며, 펜실베이니아기 초기에 출현해 페름기(Permian Period) [2] 초기, 중기와 후기에 걸쳐(2억9900만 년 전~2억5100만 년 전) 번성하던 육상척추동물이었다.

---

1 고생대 석탄기 후기에 해당하는 시기로서 약 3억4천만~2억6천만 년 전까지의 기간이다. 미국에서만 독립된 기로 규정할 뿐, 국제적인 인정은 받지 못하고 있다.　2 고생대의 마지막 기로 2억9890만 년 전부터 2억5190만 년 전 사이의 시기다. 페름기는 석탄기(Carboniferous Period; 3억5890만 년 전부터 2억9890만 년 전까지 사이의 시기. 고생대의 다섯 번째 기로 데본기 이후이며, 페름기 이전이다)를 이어 약 4700만년 동안 지속됐다.

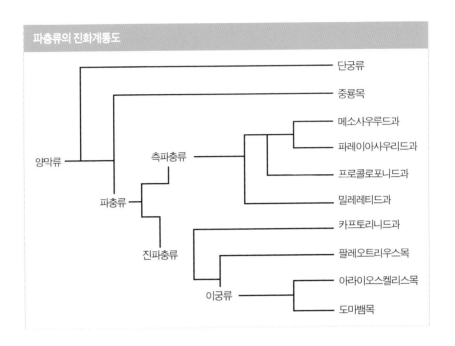

파충류의 진화계통도

다른 양막동물보다 포유류와 더 가까운 집단으로서 안와(眼窩, orbit)와는 별개로 두 개골의 좌우와 안쪽 및 뒤쪽에 측두창이 각각 하나씩 있다. 계통학적으로 후손인 포유류를 포함하기 때문에 아직도 많은 종이 현존하고 있는 척추동물 집단이다.

■ **이궁류**(二弓類, Diapsida) : 이궁류는 도마뱀, 뱀, 악어, 공룡, 익룡류를 포함한다. 석탄 기 후기 동안의 약 3억 년 전에 나타난, 두개골 양쪽에 2개의 측두창이 발달한 파충 류 무리를 말한다. 현존하는 이궁류는 매우 다양하며, 모든 악어와 도마뱀, 뱀과 옛 도마뱀류 등을 포함한다. 근대분류체계에서는 심지어 새도 이궁류로 간주한다.

양막동물의 특성

최초의 양막동물은 석탄기 후기와 페름기 초기(290 MYR) 기간에 확인되는 초기 무 궁류와 함께 석탄기(310~300 MYR) 중기에 나타났다. 전통적인 계통분류에 따른다면, 무궁류는 거북류뿐만 아니라 파레이아사우리드과(Pareiasauridae; 페름기에 번성했던 중

거북과 이궁류

거북을 비롯한 파충류와 조류, 포유류는 양막류의 공통조상으로부터 분화됐다. 앞서 언급한 대로 거북은 안와 뒤에 있는 구멍인 측두창이 없는 무궁류(Anapsida)로 분류된다. 그러나 DNA염기서열 분석 결과를 보면, 실제로 거북은 초기파충류와는 상당히 거리가 멀다. 이와 같은 이유로 몇몇 학자들은 거북을 무궁류가 아니라 이궁류로 분류하고 측두창이 닫힌 사례라고 설명하기도 한다.

2015년 미국 뉴욕공학대학(New York Institute of Technology)의 생물학자 가브리엘 비버(Gaberiel Bever)와 그의 연구팀이 남아프리카공화국에서 발굴된 에우노토사우루스 아프리카누스(*Eunotosaurus africanus*: 페름기 중기인 2억6천만 년 전 살았던 거북류의 조상. 남아프리카공화국의 중기 페름기 아브라함스크라알 층-Abrahamskraal Formation-에서 발굴)의 두개골 화석을 고해상도 CT로 스캔한 결과, 뒤통수를 이루는 상측두골(supratemporal bone) 밑에 이궁류에서 볼 수 있는 상측두창(upper temporal fenestra: 턱을 닫을 때 턱 근육의 일부가 튀어 나오는 구멍 중 하나)이 확인됐다. 또한, 이 종의 어린 개체에서 외부로 완전히 노출된 상측두창이 발견되면서 이들 거북류가 이궁류에서 기원했다는 주장이 강력한 지지를 받게 됐다 (비버 교수는 에우노토사우루스는 이궁류 거북이라고 설명했다).

비버 팀의 발견은 기존의 양막류 및 사지동물의 분류를 새로이 수정해야 할 수도 있는 건이기 때문에 앞으로 상당한 논의가 있을 것으로 보인다. 거북류의 측두창이 닫히게 된 이유는 잘 알 수는 없으나, 아마도 짧아지고 부리처럼 변해버린 주둥이와 관련이 있지 않을까 추정되고 있다. - 역자 주

간 크기에서 거대한 크기의 초식성 무궁강 파충류 무리)와 프로콜로포니드과(Procolophonidae)[3]를 포함하고 있다. 이 두 그룹은 일반적으로 덩치가 크고 초식성 또는 잡식성인, 파충류와 비슷한 생물을 포함하고 있다. 밀레레티드과(Millerettidae)[4]까지 포함한 네 분류군(Millerettidae, Mesosauruodae, Procolophonidae, Pareiasauridae)은 측파충류(側爬蟲類, Parareptilia)[5]로 알려진 그룹을 구성한다. 그러나 보다 더 최근에 발표된 분자생물학적 연구결과를 보면, 이들이 이전에 생각했던 것보다 악어계통과 더 밀접하게 관련돼 있을 수 있다는 사실을 시사하고 있다. 페름기-트라이아스기 경계(Permo-Triassic boundary)에 시식한 파레이아사우루스(*Pareiasaurus*)와 프로콜로포니드(Procolophonids)는 공통조상을 가지고 있을 정도로 거북목(Testudines or Chelonia)과 근연관계에 있다.

---

3 페름기 후기부터 트라이아스기 후기까지 살았던 육지파충류의 한 과. 오늘날의 혼 리자드(Horned lizard, *Phrynosoma*)처럼 납작한 도마뱀의 형태를 띠지만 도마뱀은 아니며, 트라이아스기 후기에 멸종했다. 2008년의 연구결과에 따르면, 일부 프로콜로포니드 종이 남극에서 살았던 것으로 보이며, 이는 남극에서 서식했던 최초의 네발동물 중 하나로 알려져 있다.　4 페름기부터 후기 페름기(Capitanian Changhsingian 단계)까지 남아프리카의 중부에 서식하던 멸종된 파충류의 무리　5 파라렙틸리아(Parareptilia)라는 명칭은 1947년 미국의 고생물학자 에버렛 클레어 올슨(Everett Claire Olson)이 고생대 파충류의 멸종된 집단을 지칭하기 위해 만든 것이다.

1. 파레이아사우루스 화석 ⓒ Paul venter CC BY-SA 3.0
2. 에우노토사우루스 화석 ⓒ flowcomm CC BY 2.0

페름기 중기에 서식했던 원시적인 파충류인 에우노토사우루스(*Eunotosaurus*; 약 325 MYR)의 화석은 거북류의 진화과정에서 어떤 일이 있었는지를 잘 나타내주고 있다. 이 종은 목이 길고 10개의 배추골(背椎骨, dorsal vertebrae)을 가지고 있는데, 처음부터 8번째까지는 나뭇잎처럼 평평한 구조로 넓어지며 갈비뼈 위의 피부는 얇은 갑옷처럼 변형돼 있다. 어깨관절은 첫 번째 갈비뼈와 중첩돼 있으며, 이는 현대거북류에서 관찰되는 배열의 징조거나 모방으로 볼 수 있다.

시기별 지중해 육지거북의 진화

트라이아스기(Triassic Period; 중생대를 셋으로 나눈 것 중 첫 번째 기간으로 2억8백만 년 전에서 1억4천6백만 년 전)까지 거슬러 올라가는 이 그룹의 진화과정은 상당히 복잡한 양상을 띠고 있기는 하지만, 다음과 같이 간단하게 정리해볼 수 있다.[6]

■ 트라이아스기(Triassic Period, 250~208 MYR) : 이 시기에 독일지역에 서식하던 프로가노켈리스(*Proganochelys*) 같은, 진정한 거북류의 가장 초창기 표본을 발견할 수 있다. 갑장이 최대 약 61cm에 달하는 프로가노켈리스는 이미 육상생활을 하고 있었으며, 여러 개의 커다란 중간선판(mid-line plates), 측면판(lateral plates) 및 더 작은 테두리판(marginal plates)이 잘 발달돼 껍데기의 가장자리 부분에 날카로운 돌출부를 형

---

6 주요 진화가 중생대에 이뤄졌기 때문에 파충류를 정확히 분류한다는 것은 다른 동물에 비해 상당히 어려운 일이다. 알려진 13~17목이 이미 멸종된 상태이기 때문에 현재는 주로 골격의 특징을 기초로 한 분류가 이뤄지고 있는데, 이는 몇몇 중요한 진화적 방향을 설명하기 어렵게 만든다. 양서파충류학자와 고생물학자 간의 의견이 서로 일치하지 않는 경우도 많기 때문에 파충류의 분류에 대해서는 아직도 많은 논란을 빚고 있는 실정이라는 점을 참고하도록 하자. - 역자 주

성하고 있었다. 현생거북류 혹은 멸종된 다른 거북류와는 달리 프로가노켈리스는 이빨을 가지고 있었는데, 이 이빨은 턱이 아니라 입천장 부위에 위치하고 있다.

1. 프로가노켈리스 화석 ⓒ Claire Houck CC BY-SA 2.0
2. 카이엔타켈리스 ⓒ NobuTamura CC BY-SA 3.0

■**주라기**(Jurassic Period, 208~146 MYR) : 이 시기의 거북들은 카시켈리디아(Casichelydia)의 계통군으로, 곡경아목(曲頸亞目, Pleurodira)과 잠경아목(潛頸亞目, Cryptodira)이라는 2개의 주요 그룹으로 분류할 수 있다. 주된 차이는 곡경아목이 목을 가로방향으로 구부려서 머리를 당기는 반면, 잠경아목은 목을 세로방향(수직)으로 구부린다는 점이다. 지중해 육지거북의 조상들은 분명히 잠경아목에 속하며, 이 그룹은 주라기 후기에 이르러 6개의 주요 계통군으로 나뉘며 급속하게 번성했다. 이들 가운데 카이엔타켈리스(Kayentachelys)와 바이니드(Baenids) 및 메이올라니드(Meiolanids)의 세 계통군은 현재 멸종된 상태지만, 바다거북류(Chelonoids, marine turtles)와 자라류(Trionychoids, soft-shell turtles) 그리고 거북류(Testudinoids, tortoises와 terrapins)는 현재까지 살아남아 있다.

■**백악기**(Cretaceous Period, 146~65 MYR) : 백악기 말에는 많은 종류의 동·식물, 특히 공룡의 대부분이 절멸되는 대규모 멸종사대(Cretaceous Paleogene extinction event)[7]가 발생했다. 멸종사태의 원인이 자연재해였든, 심각한 기후변화 혹은 다른 어떤 것이었든 간에 거북류도 이 재난을 피해갈 수는 없었다. 백악기가 끝나기 전 19개 과로 나눠지던 거북은 대멸종 이후 27%가 멸종해 15개 과만 남게 됐다.

---

7 백악기-제3기 대멸종; 지금으로부터 6600만 년 전에 있었던 마지막 대멸종으로, 이를 계기로 중생대와 신생대라 나뉜다. 백악기의 독일어 명칭인 Kreidezeit와 팔레오기(Paleogene)에서 글자를 따 'K-Pg 멸종'이라고도 부른다.

■에오세 신기원(Eocene Epoch, 56~35 MYRr) : 팔레오세(Paleocen, 65~56 MYR)로 알려진 백악기와 에오세 사이의 이 시기는 전 지구적 규모의 온난화로 특징지어진다. 에오세가 됐을 무렵 진정한 테스투도속(Testudo) 종들이 진화했을 뿐만 아니라 북부지역까지 비교적 널리 퍼져나가고 있었다. 초기의 에오세에 살았던 두 종류의 지중해 육지거북(T. doduni와 T. corroyi) 화석이 프랑스에서 발견됐으며, 영국에서도 이들과 같은 시기에 살았던 테스투도 콤프토니(Testudo comptoni)의 화석이 발견됐다.

그러나 에오세 시기에는 기온이 12℃까지도 떨어졌는데, 왜 에오세 초기에 살았던 거북의 화석들이 고위도지방에서만 발견되는지 그 이유를 설명할 수 있는 부분이다. 다른 지역에 있는 에오세 퇴적층 상부에서는 테스투도 암몬(Testudo ammon; 이집트 서식)과 테스투도 그란디디에리(Testudo grandidieri; 마다가스카르 서식)와 같은 다른 종류의 지중해 육지거북 화석이 발견됐다.

■플라이오세(Pliocene, 5~1.6 MYR)**와 홍적세**(Pleistocene Epochs, 1.6~0.01 MYR) : 급격하고도 눈에 띄는 기후변동으로 특징지어지는 후기 플라이오세와 그 다음의 홍적세로 넘어가보자. 플라이오세 중기(5~3 MYR)의 아프리카는 현재보다 습도가 높았으며, 숲과 나무가 더 많았고 사막의 범위가 좁았다. 특히 아프리카 북부지역은 반건조지역에서 자라는 식물이 현대의 사하라지역을 뒤덮고 있어 습도가 훨씬 더 높았던 것으로 추정된다.

열대우림과 사바나는 아주 먼 북쪽지역까지 확장돼 있었고, 이러한 환경에서 지중해 육지거북 종들은 진화를 거듭하고 있었다. 우리에게 친숙한 이 육지거북은 홍적세의 화석기록에서 그 존재를 확인할 수 있다. 테스투도 그라이카(T. graeca, Greek tortoise)의 화석은 지중해

홍적세 시기에 살았던 테스투도속(Testudo) 육지거북종의 화석 잔해. 스페인에서 발견된 화석이다.

전역에서 발견되는 반면, 테스투도 헤르만니(T. hermanni, Hermann's tortoise)의 화석은 이탈리아뿐만 아니라 현재의 서식지 전역에 걸쳐 발견되고 있다. 테스투도속의 다른 거북은 러시아를 포함해 북부 및 동부 유럽으로 퍼져나가 멀리는 중국에 이르기까지 확산되는데, 이는 이 지역에 호스필드육지거북(Horsfield's or Russian tortoise, T. horsfieldii)이 서식하고 있는 것으로 증명할 수 있다.

홍적세는 빙하기(Glacial period)의 시작이기도 하다. 그러나 실제로 이 빙하기는 춥고 건조한 빙하기와 수백 년에서 수천 년 동안 지속된 따뜻하고 습한 간빙기가 교차됐다. 홍적세에는 상대적으로 추운 시기인 빙하기(Glacial period; 빙하가 중위도지역까지 확장된 시기), 빙하기와 빙하기 사이의 비교적 따뜻한 시기인 간빙기(Interglacial period; 빙하가 고위도 지방으로 물러간 시기)가 20회 이상 교대로 되풀이됐다. 두 기간에 나타난 지구의 평균기온 차이는 4~5℃에 불과하다.

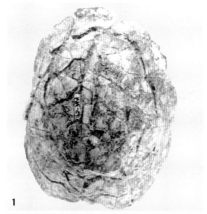

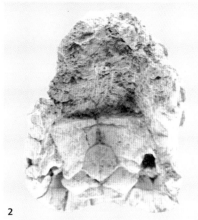

1. 스페인에서 발견된 테스투도속(Testudo) 육지거북종의 화석 잔해에서 분명하게 나타나는 등갑의 형태 2. 1의 같은 화석에서 보이는 복갑의 형태

■ **홀로세 신기원**(Holocene Epoch, 0.01 MYR~지금까지) : 빙하기를 지나고 홀로세로 진입하게 되는 이 시기 역시 극심한 변화를 보이는데, 북아프리카에서는 매우 습한 기후와 건조한 기후가 번갈아 나타났다. 일부 지역은 수십 년 동안만 지속되는 반면, 수세기 동안 지속되다가 갑자기 끝나는 지역도 있었다. 사하라사막의 점진적인 성장과 확대는 지중해 육지거북 종들을 중앙아프리카의 사촌들과 분리시킴으로써 거대한 사막의 남쪽에 서식하던 종들과 다른 계통으로 진화하도록 만들었다.

지중해 육지거북은 시간이 지남에 따라 계속 진화돼왔고, 지중해 분지의 지역적·환경적 압력에 대응해 점진적으로 변화하면서 각각의 종으로 분화됐다.

그러나 이 부분은 진화의 전체과정 중 일부에 불과하다. 지중해 육지거북은 시간이 지남에 따라 계속 진화돼왔고, 지중해 분지의 지역적·환경적 압력에 대응해 점진적으로 변화하면서 각각의 종으로 분화됐다.

트라이아스기에 있었던 지각변동으로 인해 판게아(Pangea)[8]가 나뉘면서 대서양은 북아메리카와 아프리카, 유라시아 사이에 위치하게 됐다. 결정적으로 다른 지각판(地殼板)[9]의 움직임은 아프리카와 유라시아판 사이에 현재 지중해로 알려진 수역을 만들었다. 지중해는 이미 340만 년 전부터 존재하고 있었지만, 백악기 이후로 아프리카와 유라시아판이 계속해서 접근함에 따라 점점 좁아지고 있다. 이러한 현상의 결과물이 현재의 지중해라고 할 수 있다. 이 시기 동안 지중해는 그 넓이가 축소돼감에 따라 점진적인 증발을 겪었으며, 이전 범위의 지질학적 지역에 높은 수준의 칼슘침전물을 남겼다. 지중해 육지거북의 칼슘요구량이 높다는 것은 지중해 육지거북의 자연서식지가 원래는 바다로 뒤덮여 있었다는 사실과 밀접하게 관련돼 있다.

마이오세 후기(500~600만 년 전 사이)에 지중해는 대서양으로부터 완전히 차단돼 엄청난 양의 바닷물이 증발했다. 이 메시니안 염분위기(Messinian Salinity Crisis)[10]는 그 지역을 가로질러 테스투도속 종의 분산을 유도하는 육교를 만들었을 것이다. 마이오세는 초·중·말기의 3개로 구분되며, 유럽에서는 지층의 퇴적순서에 따라 밑에서부터 초기는

8　1915년 A.베게너가 대륙이동설을 제창했을 때 제안한 가상의 원시대륙. 지질시대를 통해 가장 큰 대륙이었다고 해서 초대륙(supercontinent)이라고도 한다.　**9**　지구의 겉 부분을 둘러싸고 있는 두께 100km 안팎의 암석판. 현재의 지구는 크고 작은 100여 개의 판이 모자이크 모양을 이루고 있다.　**10**　지중해가 증발로 인해 사막으로 변한 사건. 지중해를 둘러싼 유라시아판과 아프리카판, 아라비아판이 서로 충돌해 지브롤터 해협 부근이 융기됐다는 가설과, 빙하기로 지구의 해수면이 낮아져 지중해가 고립됐다는 가설이 있었다.

지중해 육지거북의 칼슘요구량이 높다는 것은 이들의 자연서식지가 원래는 바다로 뒤덮여 있었다는 사실과 관련이 있다.

아퀴타니안(Aquitanian)과 부르디가리안(Burdigarian), 중기는 랑기안(Langhian)과 세라발리안(Serravallian), 말기는 토르토니안(Tortonian)과 메시니안(Messinian)으로 나뉜다. 분명 이 시기에 스페인과 모로코 사이에 포유동물종의 교류가 있었다. 테스투도속 종이 존재했다는 사실을 알 수 있는 플라이오세(5~2.4 Myr)에 지중해 분지는 대서양과 다시 연결돼 현재의 형태가 됐고, 결과적으로 이 지역에 살고 있던 육지거북 개체군을 오늘날 우리가 알고 있는 익숙한 지역으로 나눠버리는 결과를 초래했다. 이를 통해 광범위하게 분리된 그룹 안에서 아종 및 새로운 종의 분화가 이뤄질 수 있었다.

지중해 육지거북에게 있어서 이 고대의 바다가 끼친 막대한 영향은 아무리 강조해도 지나치지 않다. 이 시기에 해당 지역의 모든 거북이 번성했는데, 자신들의 생리적 반응을 극한까지 밀어붙일 수 있는 진화능력이 한몫을 했다고 해도 과언이 아니다. 장기간의 불리한 기후조건에서 동면을 하거나 하면을 하는 것과 같은 행태를 그 예로 들 수 있겠다. 현대의 지중해 육지거북은 다양한 자연서식지에서 발견되고 있지만, 모든 종에 공통되는 환경적 요인이 확실히 존재함을 알 수 있다.

지중해 육지거북에게 있어서 고대의 바다가 끼친 막대한 영향은 아무리 강조해도 지나치지 않다.

지중해 육지거북의 사육현황과 전망

지중해 육지거북은 점점 희귀해지고 있는 추세지만, 반려동물로서 거북 애호가들에게 여전히 인기가 높다. 따뜻하고 건조한 기후조건에서 벗어나 새로운 환경에 적응할 수 있는 종이며, 이는 지역적 동물군에 있어서 매우 중요하고도 독특한 부분이라고 할 수 있다. 수년간 육지거북은 국제반려동물시장에 공급하기 위해 야생에서 대량으로 포획됐다.[11] 이런 식으로 거래된 대다수의 육지거북은, 육지거북의 환경적 요구사항에 대한 취급자의 이해부족으로 부적절한 사육환경을 제공함으로써 2~3년 내에 폐사했기 때문에 대량의 반려동물교역은 특히 문제가 됐다.

사육되고 있는 개체의 번식사례는 거의 알려지지 않았으며, 번식이 이뤄지더라도 잘못된 영양관리로 인해 부화된 개체의 생존율이 매우 낮았다. 이런 점에서 고맙게도 상황이 많이 바뀌었고, 오늘날 반려거북에게 오랫동안 건강하고 행복하게 지낼

11 서식지파괴와 불법포획이 생존을 계속 위협하고 있지만, 다행스럽게도 대량으로 거래되는 일은 이제 없다. - 역자 주

수 있도록 적절한 사육환경을 제공하는 일이 가능해졌다. 이미 사육되고 있는 개체들은 인공번식을 통해 지속 가능한 미래세대를 위한 기초를 제공할 수 있게 됐다. 원서식지에서 발생하는 개체 수 감소의 가장 주요한 원인은 인간이다. 도시화의 확대와 발전된 농업기술은 모두 이들의 자연서식지를 잠식하고 야생개체 수의 유지를 어렵게 하는 요인이 되고 있다. 특히 교통량의 증가는 폐사를 유발하는 심각한 원인이 될 수 있다. 과거에는 반려동물무역을 위한 채집이 야생개체 수 감소의 주원인이었다. 대부분의 지중해 육지거북이 사이테스(CITES) 협약에 의해 법률로써 보호받고 있지만, 현지에서는 여전히 불법수집이나 판매가 이뤄지고 있는 실정이다.

수년간 지중해 육지거북 예비사육자들에게는 '정보의 부재와 잘못된 정보'라는 두 가지 문제가 계속 이어지고 있었다. 안타깝게도, 많은 책들(그리고 오늘날 인터넷 웹사이트들)은 '오해의 소지가 있는 정보, 불충분한 정보'를 전달하고 있다. 그러나 본서는 기존의 도서와 다른 점이 많다는 것을 확인할 수 있다. 본서에 포함된 정보는 사육프로그램을 설계하기 위한 건전한 기초를 제공하며, 프로그램을 설계하는 과정에서 많은 함정을 피하는 데 도움을 줄 것이다.

영양관리 및 환경요구사항에 대한 장에 특히 주의를 기울이도록 하자. 이와 관련한 내용은 종종 혼동을 일으키고 사육실패로 이어지는 주요한 요인이므로 꼼꼼하게 살펴보는 것이 좋겠다. 우리는 지금도 계속해서 병들고 기형적인 개체를 만나게 되는데, 이는 매우 슬픈 일이다. 사육자가 좋은 조언을 찾기 위해 애를 쓰고, 그 조언을 부지런히 따랐다면 완전히 피할 수 있는 문제이기 때문이다.

본서는 지중해 육지거북의 사육 전반에 대한 유익한 조언을 담고 있으며, 실제 사육 시 이러한 조언을 효과적으로 활용한다면 건강하게 오래오래 기를 수 있을 것이다.

반려거북으로 많은 인기를 얻고 있는 지중해 육지거북은 귀여운 외모뿐만 아니라 독특한 행동으로도 눈길을 끈다.

02
section

지중해 육지거북의
신체구조와 특성

'거북'이라는 동물의 해부학적 구조는 다른 동물에 비해 너무나 독특하기 때문에 사람들로 하여금 '어떻게 이런 구조들이 서로 결합돼 있을까' 하는 궁금증을 자아내게 한다. 특히 눈길을 끄는 것은 껍데기(shell, 갑, 딱지)인데, 이 껍데기는 거북 신체의 한 부분일까 아니면 소라게가 소라에 들어가는 것처럼 껍데기 안에 거북이 들어가 있는 것일까? 그리고 거북의 모든 신체기관은 껍데기 안쪽에서 어떤 식으로 수납돼 있는 것일까? 이러한 질문들과 다른 많은 궁금증들에 답하기 위해서는 먼저 거북의 '해부학'과 '생리학' 두 가지를 살펴볼 필요가 있다. 즉 거북이라는 동물이 어떻게 생명을 유지하고 있는지 자세히 알아봐야 한다는 뜻이다.

골격(skeleton)
거북류의 골격은 중축골격(中軸骨格, axial skeleton), 부속골격(附屬骨格, appendicular skeleton), 껍데기(shell, 딱지), 두개골(skull) 등 모두 4개의 부위로 나눠볼 수 있다. 골격의 주된 역할은 마치 지렛대처럼 근육의 움직임을 보조하는 것이다. 거북에 있

어서 골격, 특히 껍데기의 뼈는 매우 중요하다. 이는 껍데기가 스스로를 방어하기 위한 보호기능과 더불어 칼슘을 저장하는 저장고 역할을 하는 기관이기 때문이다.

■**중축골격**(中軸骨格, axial skeleton) : 중축골격은 체간골격(體幹骨格)이라고도 하며, 여기에는 경추(頸椎, 목등뼈), 척추(脊椎, 등뼈), 미추(尾椎, 꼬리뼈)가 포함된다. 등뼈를 구성하는 골격으로서 거북 몸의 정중선(正中線)을 따라 늘어져 있다. 먼저 앞쪽으로 8개의 경추부터 시작해 등껍데기(배갑 혹은 등갑, 등딱지)에 붙은 갈비뼈에 연결된 10개의 척추뼈가 이어져 있고, 그 다음으로 골반과 연결된 2개의 천추(薦椎, 엉치등뼈), 마지막으로 미추(25~30개)가 연결돼 있다. 특히 목 부분은 매우 유연한데, 등껍데기 안으로 목을 당겨 넣었을 때의 형태는 수직으로 S자 모양을 띠며 구부러진다.

헤르만육지거북(Hermann's tortoise, *Testudo hermanni*)의 골격표본. 복갑을 제거해 척추와 앞다리, 뒷다리를 관찰할 수 있도록 했다.

■**부속골격**(附屬骨格, appendicular skeleton) : 견갑골(肩胛骨, scapula), 골반을 포함하는 사지의 뼈대를 이르며, 체지골격(體肢骨格)이라고도 한다. 부속골격은 중축골격 위에 살짝 얹혀 있는 뼈들로 앞다리와 골반, 뒷다리의 뼈를 지칭한다. 특히 흥미로운 사실은 거북류(육지거북, 수생거북, 반수생거북을 포함한)가 '척추동물 중 견갑골이 흉곽(胸廓) 안에 위치하고 있는 유일한 동물종'이라는 점이다.

■**껍데기**(shell)**와 두개골**(skull) : 껍데기(딱지)는 육지거북과 수생거북을 정의하는 독특한 특징으로 확연하게 드러나지 않는 척추뼈[1] 및 골반과 융합돼 있는 59개의 골

---

1 위의 사진에서 나타나듯이, 다른 척추동물들에서 확인되는 굵고 완전한 형태의 척추뼈에 비하면 거북의 척추뼈는 구조적으로 매우 특이하며, 형태적으로 완벽하지 않은 것처럼 보인다.

판으로 이뤄져 있으며, 모든 내부장기를 감싸고 있다. 껍데기의 윗면은 배갑(背甲, carapace, 등갑), 아랫면은 복갑(腹甲, plastron)이라고 한다. 이 두 부분은 몸통의 양쪽 옆에서 골교(骨橋, plastrocarapacial bridges)에 의해 서로 연결돼 있다(자라류는 뼈가 아니라 인대로 연결돼 있다). 두개골(skull)은 뇌와 특수한 감각기관이 위치한 곳이다.

피부(skin)

거북류는 신체구조에 따라 다양한 형태의 피부를 가지고 있다. 머리의 윗부분, 목, 앞다리, 꼬리 그리고 뒷다리의 피부는 가죽 같은 질감의 표면을 지니고 있으며, 두껍고 질겨서 탈피가 완벽하게 이뤄지지 않는다. 따라서 이 부분의 피부가 허물을 벗을 때가 되면, 뱀에게서 관찰할 수 있는 것처럼 일시에 다 벗겨지는 것이 아니라 조각조각 탈피가 이뤄진다. 이에 비해 앞다리의 아래쪽은 큼직하고 거친 비늘로 덮여 있는 것을 확인할 수 있다. 이 비늘은 머리와 앞다리를 등껍데기 안으로 넣었을 때 배갑 앞쪽을 효과적으로 봉쇄하는 일종의 방패와도 같은 역할을 한다. 또한, 땅을 파거나 불쾌한 접촉이 유발됐을 때 이를 방어하는 데도 사용된다.

껍데기의 인갑(鱗甲, scute; 껍데기판)은 비늘이 변형된 것으로 모두 54개를 지니고 있으며, 위치에 따라 각각의 명칭이 상이하다(다음 페이지 삽화 참고). 몸의 다른 부위에 있는 비늘들처럼 껍데기 인갑의 비늘들도 케라틴질의 외층(사람의 손톱조직과 유사하다)을 가지고 있으며, 뼈의 위쪽을 덮고 있는 얇은 피부조직 그 위에 위치하고 있다.

인갑 사이에는 매우 얇은 피부층이 자리 잡고 있는데, 이곳에서 새로운 케라틴을 생성한다. 이 케라틴층은 다른 피부처럼 탈피를 하지 않는 대신, 닳아 없어지지 않는 한 특색 있는 고리문양을 남긴다. 거북이 급격하게 성장할 때는 이 인갑과 인갑 사이 부분에 노르스름한 흰색 선이 뚜렷하게 나타난다.

머리와 앞다리를 등껍데기 안으로 넣고, 앞다리를 잔뜩 오므려 닫아 커다란 비늘로 방어자세를 취하고 있는 모습. 사진은 헤르만육지거북

껍데기(shell)

거북에 있어서 특징적인 신체구조인 껍데기, 즉 갑(甲, shell)은 골판을 덮고 있는 다수의 케라틴질 인갑(鱗甲, scute)들이 합쳐져 만들어진 것이다. 각 인갑의 접합부는 서로 겹쳐지는 부분이 적어 전체적으로 내구성을 강화시키는 구조로 구성돼 있다. 몇몇 종의 배갑은 측면에 위치한 세 번째의 골판(hypoplastron)과 네 번째 혹은 제일 끝 쪽의 골판(xiphiplastron; 외부적으로는 복갑판과 항갑판 사이에 위치)의 연결지점에 경첩과 같은 구조가 배갑의 뒤쪽 대부분을 덮는 덮개 형태로 형성돼 있다. 일부 종에 있어서 수컷의 복갑은 오목한 형태를 띤다. 이 오목한 부분은 2차 성징(二次性徵)이라고 할 수 있지만, 모든 종의 수컷에게서 공통적으로 나타나는 현상은 아니다.

껍데기는 놀라운 진화의 결과물이지만, 모든 진화의 결과물과 마찬가지로 장단점을 골고루 가지고 있다. 해부학적으로 유연성이 상당히 떨어진다는 것을 단점으로 들 수 있겠다. 유연성이 떨어지기 때문에 거북은 자신의 꽁무니 쪽을 효과적으로 청소하지 못하고, 이로 인해 잠재적으로 기생파리나 진드기의 공격에 취약해진다.

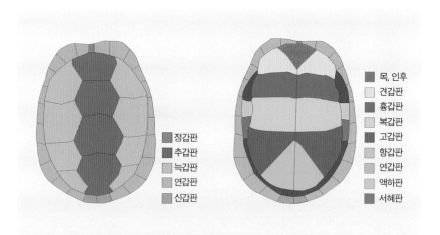

거북의 배갑(왼쪽)과 복갑(오른쪽)을 구성하고 있는 각 인갑의 명칭을 일러스트로 확인한 모습. 액하판(axillary)과 서혜판(inguinal)을 합쳐 액하갑판이라고 하며, 배갑과 복갑을 연결하는 교갑(bridge)를 구성한다. •**배갑을 구성하는 각 인갑의 명칭** - 정갑판 또는 목덜미판(nuchal scute)/추갑판 또는 척추판(central-verytebral scute)/늑갑판 또는 중앙측판, 늑골판(costal scute)/연갑판 또는 테두리판(marginal scute)/신갑판 또는 꼬리상판(supra candal scute) •**복갑을 구성하는 각 인갑의 명칭** - 목, 인후(gular)/견갑판(humeral)/흉갑판(pectoral)/복갑판 또는 전복갑판(abdomina)/고갑판 또는 후복갑판(femoral)/항갑판(anal)/연갑판 또는 테두리판(marginal scute)/액하판(axillary)/서혜판(inguinal)

지중해 육지거북 종별 외형 및 등갑과 복갑의 형태 차이		
이집트 육지거북		
그리스 육지거북		
헤르만 육지거북		
호스필드 육지거북		
마지네이트 육지거북		

호흡기계(respiratory system)

혀의 뒷부분에 성문(聲門, glottis; 양쪽 성대 사이에 있는 좁은 틈)이 위치해 있으며, 성문은 기관(氣管, trachea)의 입구라고 할 수 있다. 육지거북의 목이 유연한 것은 기관이 매우 길기 때문이며, 이 기관은 두 갈래로 나뉘어져 양쪽 폐로 연결된다. 두 개의 폐는 서로 나란히 붙어 있고, 껍데기 내부공간의 윗부분 1/3을 차지하고 있다.

거북은 단단한 껍데기로 인해 인간처럼 체강(體腔, coelom)을 확장시킬 수 없다. 따라서 호흡을 하기 위해서는 폐를 이용해 공기를 들이마시고 내쉬는 대신에 신체내부의 다른 기관들을 수축·이완시켜야 한다. 사지를 당김으로써 다리에 있는 큰 근육들을 체강 안으로 이동시키거나, 경첩이 있는 종의 경우에는 꼬리판의 덮개를 들어올렸다가 내려놓는 행동을 반복하면서 호흡을 한다. 거북은 산소농도가 낮은 환경에서도 적응해 생존할 수 있는데, 이러한 특징에 폐의 위치를 감안한다면 정원 연못에 빠졌을 때와 같은 심각한 상황에서도 생존이 가능한 이유를 알 수 있다.

심혈관계(cardiovascular system)

거북도 다른 척추동물들과 마찬가지로 동맥과 정맥을 가지고 있다. 그러나 거북의 심장은 인간의 심장과는 달리 두 개의 심방과 하나의 심실을 가지고 있는, 모두 3개의 격실을 갖춘 구조로 돼 있다. 그러나 심실이 수축할 때 폐로 가는 피와 몸의 다른 부분으로 가는 피의 흐름은 효율적으로 분리된다.

소화기계(digestive system)

지중해 육지거북은 초식성 동물이며, 구조적으로 이러한 식성이 약간의 문제가 될 수도 있다. 상당수의 식물성 먹이에는 셀룰로오스(cellulose, 섬유소; 고등식물 세포벽의 주성분으로 목질부의 대부분을 차지하는 다당류)가 포함돼 있는데, 척추동물 가운데 거북을 포함해서 셀룰로오스를 소화시킬 수 있는 동물은 전혀 없기 때문에 이 셀룰로오스를 소화시키는 데 필요한 효소를 체내에서 만들어내야 한다. 거북의 경우는 장에 있는 박테리아에 의존해서 셀룰로오스를 활용 가능한 화합물로 분해하는 과정을 거치게 되며, 전체적인 소화시스템은 이렇게 마무리되는 형태로 진화됐다.

거북의 턱에는 이빨이 없다. 대신 위턱과 아래턱에 얇은 날처럼 생긴 케라틴질의 구조가 부착돼 있어서 이것으로 식물을 뜯고 잘라낸다. 이빨이 없기 때문에 먹이를 먹을 때 씹지 않고 큰 덩어리로 잘라서 삼킨다. 먹잇감의 부피가 너무 크거나 질긴 경우에는 앞다리를 이용해 누르거나 밀면서 조각으로 떼어낸다. 비록 움직임이 자유롭

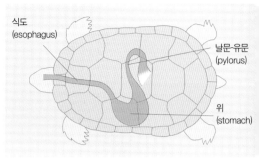

식도
(esophagus)

날문·유문
(pylorus)

위
(stomach)

거북의 식도와 위

지 않기는 하지만, 커다란 근육질의 혀가 이 과정을 더 잘 이행할 수 있도록 돕는다. 섭취한 음식물은 식도를 따라 내려가 위로 들어가고, 산성화된 환경에서 소화가 시작된다. 시간이 지나면 음식물은 조금씩 소장으로 넘어가 단백질과 탄수화물이 소화되고, 소화하기 어려운 것은 박테리아분해를 위해 대장으로 옮겨져서 머무르게 된다. 식물성 먹이의 대부분은 최종적으로 이러한 과정을 거치면서 단쇄지방산(短鎖脂肪酸, short chain fatty acids)[2]으로 환원·흡수되고 에너지원으로 이용된다.

야생에서는 자연적으로 존재하는 유기체가 이러한 박테리아분해를 돕는다. 야생에 서식하는 그리스육지거북(Greek tortoise, *Testudo graeca graeca*)은 요충류인 타키고네트리아(*Tachygonetria, spp.*; 8종이 있음)를 가지고 있는데, 그리스육지거북의 내장 안에서 놀라운 생태공동체를 형성해 살아가고 있다. 대장의 각 부위에서 서로 다른 종이 선형이나 방사형의 형태로 발견된다. 이 요충은 야생의 파충류에게 유익한 미생물이며, 대장에서 음식물을 더 작은 입자로 분해하면서 박테리아분해를 돕는다.

일광욕 등을 통해 이뤄지는 주기적인 체온상승이 거북의 내장에 존재하는 미생물들의 총량을 적정수준으로 유지하는 역할을 하는 것으로 보인다. 또한, 섬유소섭취 수준이 적절하지 않으면 이와 같이 잠재적으로 이로운 유기체들의 균형이 깨짐으로써 병원성 기생충 환경으로 전환될 수 있다는 점을 기억하도록 하자.

---

2 올레산처럼 이중결합이 한 개 있는 지방산으로 아세트산염(acetate; 아세트산의 수소원자를 금속으로 치환하면 생기는 염), 낙산염(butyrate; 천연지방을 구성하는 산 중 탄소 수가 가장 적은 유기산), 프로피온산(propionate; 아세트산보다 탄소 수가 하나 많은 카복실산)이 단쇄지방산에 속한다.

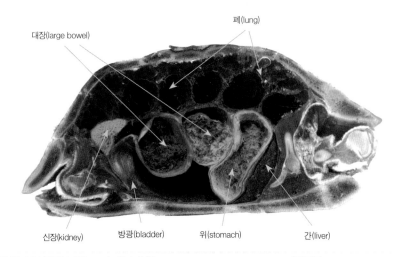

내부장기의 위치를 보여주는 그리스육지거북(Greek tortoise, *Testudo graeca graeca*)의 단면

식물이 소화되기 위해서는 아주 많은 시간이 필요하다. 거북이 섭취한 먹이는 위장에서 대장까지 12시간 이내에 도착하지만, 대장 내에서 4주에서 6주까지도 머무를 수 있다. 간은 매우 중요한 소화기계 장기로서 지방을 소화시키고 독소를 해독하는 데 도움을 주는 담즙을 생산하며, 혈단백질(blood protein; 혈액에 함유돼 있는 단백질의 총칭)과 혈액응고인자(blood clotting agent)를 생성하는 등의 기능을 한다.

비뇨기계(urinary system)

우리 인간이 대사활동의 결과물인 질소노폐물을 요소(urea)로 배설하는 것과는 달리, 파충류는 요산결정체(uric acid crystals; 파충류의 소변에 자연적으로 존재하는 질척한 모래와 같은 흰색물질을 이른다)로 배설한다. 이는 파충류에 있어서 수분을 절약하기 위한 진화의 결과라고 볼 수 있는데, 질척질척한 슬러지(sludge) 형태의 요산으로 배설하면 요소의 형태로 배설하는 것에 비해 손실되는 수분의 양이 적어진다. 실제로 요소를 용해시켜 운반하기 위해서는 상대적으로 더 많은 양의 수분이 필요하다.

신장은 한 쌍으로 이뤄진 구조로 골반 가까이에 위치해 있다. 소변은 이 신장에서 생성되며, 수뇨관(輸尿管, ureter)이라는 가늘고 긴 관을 통해 방광으로 배출돼 저장된다. 파충류의 신장은 소변을 농축시키는 기능이 없기 때문에, 방광 벽에서 수분을 재흡수하거나 소변의 일부를 다시 대장으로 올려보내는 방법으로 농축시킨다.

거북의 방광은 부피가 아주 큰 기관으로 많은 양의 수분을 저장할 수 있다. 저장된 수분은 거북이 상당기간 물을 마실 수 없는 경우에 사용되기도 하고, 도망갈 때 포식자의 주의를 다른 곳으로 돌리기 위한 탈출전략의 일환으로 소변을 방출하는 데 쓰이기도 한다. 육지거북 사육자들은 평소 이러한 모습을 어렵지 않게 관찰할 수 있을 것이다.

생식기(reproductive organ)

거북 암컷은 두 개의 난소(ovary)를 가지고 있으며, 이 난소에서 알이 되는 여러 개의 난포(follicle)가 지속적으로 형성된다. 배란 단계에서 난포는 단순히 '노른자위'처럼 보

1. 거북의 소변에서 찾아볼 수 있는 하얀 모래와 같은 물질은 요산결정이다. 2. 헤르만육지거북 암컷은 성별구분 시 혼동을 줄 만큼 상대적으로 큰 음핵을 가지고 있다. 사진의 왼쪽에 보이는 것은 질환이 발생한 난소를 적출수술을 통해 제거한 모습이다.

이는 모습을 띠지만, 난관을 거쳐 지나는 동안 칼슘이 풍부한 껍데기가 주위를 둘러싸면서 비로소 알의 형태를 갖추게 된다. 암컷 거북은 자성생식수관(雌性生殖輸管, female reproductive tract; 알을 난소로부터 생식구까지 운반하는 배출로)이라는 구조의 말단부에 독특한 주머니를 가지고 있어서 그곳에 정자를 몇 년 동안 저장할 수 있다.

거북 수컷은 신장 가까이에 두 개의 고환이 위치하고 있다. 실제 음경(陰莖, penis)을 가지고 있지는 않지만, 대신 총배설강 안에 발기성 기관인 음근(陰根, phallus)을 갖추고 있다. 이 음근에는 한쪽에 홈이 있어서 교미 중에 정액이 암컷의 몸으로 흘러 들어갈 수 있도록 기능한다. 음근은 크고 마치 버섯과 같은 형태를 보이며, 대부분 어두운 색을 띠고 있다. 몇몇 수컷의 경우 이 기관을 가끔 외부로 노출시키는 것을 볼

송과선(松果腺, pineal gland)

척추동물의 간뇌 등면에 돌출해 있는 내분비선으로 대뇌의 등면을 따라 앞으로 뻗어 두부의 피부를 통과해 들어오는 빛을 감수(感受)하는 기관이다. 밤낮의 명암길이나 계절의 일조시간변화 등 광주기를 감지해 생식활동의 일주성(日周性)이나 연주성 등 생체리듬에 관여하는 호르몬을 생성한다.

특히 생식에 있어 송과선호르몬(멜라토닌-melatonin)의 농도가 높을 때는 생식세포의 발달을 억제하고 낮을 때는 촉진하는 작용을 한다. 파충류 중 도마뱀류에서는 송과선의 발생과정에 부송과선(부상생체)이 발달해 두정안(頭頂眼)이 된다.

수 있는데, 이 모습을 발견한 사육자는 탈장으로 오해하기도 한다. 음근은 소변을 배출하는 기관과는 아무 관계가 없다. 일부 암컷의 경우 비교적 큰 음핵(clitoris)을 가지고 있으며, 수컷의 음근과 마찬가지로 종종 탈장으로 오해된다.

총배설강(cloaca)

거북은 비뇨생식(소변의 생성과 배출, 생식)이나 배변을 위한 외부구멍이 따로 분리돼 있지 않다. 소화관, 방광, 생식구는 모두 총배설강(cloaca)이라고 불리는 기관으로 통합돼 있다. 파충류에 있어서 총배설강의 내벽은 수분을 절약하는 데 도움을 주기 위해 대소변 혼합물로부터 수분을 재흡수할 수 있게 돼 있다. 거북이 소변과 대변을 함께 배출하는 것은 이와 같은 수분의 재흡수가 중요한 이유일 수 있다.

내분비계(endocrine system)

호르몬시스템을 의미하는 내분비계는 포유류의 경우만큼이나 복잡하다. 호르몬은 신체의 수많은 기능을 통제한다. 내분비계 중에서도 주목되는 것은 송과선(松科腺, pineal gland; 좌우 대뇌반구 사이 제3뇌실의 후부에 있는 작은 공 모양의 내분비기관)인데, 이 송과선은 빛과 광주기에 민감하고 멜라토닌(melatonin)을 생성하며, 일주기(日週期, daily cycle; 하루를 주기로 나타나는 생물활동이나 이동의 변화현상)와 동면 같은 계절주기(季節週期, seasonal cycle; 1년간의 계절변화에 따른 생물의 주기성)에 영향을 끼친다.

감각기관(sensory organ)

거북은 감각기관이 잘 발달돼 있으며, 지중해 육지거북의 경우 특히 시력이 매우 발달된 편이다. 눈, 귀, 코, 피부 등 감각기관의 기능과 특징에 대해 알아보자.

지중해 육지거북 종별 신체구조의 특징

	이집트 육지거북	호스필드 육지거북	헤르만 육지거북	그리스 육지거북	마지네이트 육지거북
갑장(성체 암컷)	120mm	200mm	190mm	150~190mm	220~280mm
껍데기 모양	높은 돔형	넓고 둥글며, 배갑은 납작하다. 때때로 등 쪽이 융기돼 있다.	아치형, 원형		직사각형, 돔형
등갑 색상	일반적으로 옅고 칙칙한 노란색을 띠지만, 회색에서 아이보리 및 화려한 금색까지 다양하게 나타난다.	인갑 사이가 녹갈색에서 검은색으로 희미해진다.	검은색을 띠는 노란색	검은색을 띠는 황갈색	검은색 바탕에 옅은 노란색
꼬리 인갑	꼬리 위 인갑이 나팔 모양으로 펼쳐져 있다.		일반적으로 꼬리 위 인갑이 분리돼 있다.	꼬리 위 인갑이 분리돼 있지 않다.	꼬리 위, 엉덩이 가장자리 인갑이 확연히 벌어진다.
복갑	옅은 노란색에 어둡고 분명하게 드러나는 두 개의 삼각형 또는 V자형 무늬가 있다.	인갑마다 가장자리에 옅은 얼룩이 있으며, 인갑 사이에 노란색이 나타난다.	모든 인갑에 양쪽으로 반점이 뚜렷하게 나타난다.	양쪽에 지저분한 얼룩이 나타난다. 중앙에 간격이 있지만 항상 그렇지는 않다.	일반적으로 양쪽에 4개의 삼각형 무늬가 나타난다.
앞다리	앞발에 다섯 개의 발가락이 있고, 앞다리 앞면에 세 개의 세로줄로 된 큰 비늘이 있다.	앞발에 네 개의 발가락이 있다.	앞발에 다섯 개의 발가락이 있다.	앞발에 다섯 개의 발가락이 있다.	앞발에 발가락이 다섯 개 있고, 앞다리 앞면에 4~5개의 세로줄로 된 큰 비늘이 있다.
허벅지		허벅지에 결절(혹) 또는 큰 비늘이 있다.		허벅지 중간에 큰 결절(혹)이 있다.	일반적으로 허벅지에 며느리발톱(spur; 박차)이 부족하다.
꼬리		꼬리 끝에 며느리발톱(spur; 박차)이 있다.	꼬리 끝에 며느리발톱(박차)이 있다.		보통 꼬리에 며느리발톱(박차)이 부족하다.
머리			대부분의 헤르만육지거북은 뺨에 노란색 반점이 있다.		
수명	70~100년	50년	30년	125년	100~140년

■**시각 - 눈**(sight/eyes) : 지중해 육지거북은 눈이 비교적 크고 시력도 상당히 좋다. 사실 시력은 지중해 육지거북의 주된 감각이라고 할 수 있다. 색각(色覺, colour vision) 역시 좋은 편인데, 망막에는 색에 민감한 원추세포체(圓錐細胞體)가 잘 분포돼 있다. 이러한 사실로 미뤄볼 때 거북이 자외선을 볼 수 있는 것으로 추측할 수 있다.

■**청각 - 귀**(hearing/ears) : 거북은 머리 뒤쪽에 잘 고정된 두 개의 귀를 가지고 있으며, 각 귀는 커다란 고막비늘로 덮여 있다. 이 비늘은 우리의 고막에 해당하는 위치에 있다. 각각의 중이(中耳, 고막과 달팽이관 사이에 있는 내부공간)는 유스타키오관(Eustachian tube)[3]이라고 불리는 작은 관에 의해 구강 안쪽과 연결돼 있다.

■**후각과 미각 - 코와 혀**(smell, taste/nose, tongue) : 육지거북은 먹이나 다른 화학물질들을 감지하기 위한 세 가지 수단을 가지고 있다. 코의 점막을 이용하는 후각, 혀나 구강의 표면 부분을 이용하는 미각, 입천장의 내벽에서 확인되는 서골(鋤骨)[4]을 이용한 후각이 그것이다. 서골 주위에 있는 야콥슨기관(Jacobson's organ, 서골비기관)은 입과 혀의 내벽에서 미처 포착하지 못한 냄새입자를 포착해 먹이를 감지할 수 있도록 할 뿐만 아니라, 다른 개체의 냄새입자를 기반으로 상대를 인식하는 기능도 한다. 이는 거북이 다른 거북을 어떻게 구별하는지 그 이유를 알 수 있는 특징으로서 사육개체가 사육주를 인식하도록 유도하는 데도 활용할 수 있다.

■**촉각 - 피부**(touch/skin) : 마치 무장한 작은 탱크처럼 강하게 보이지만, 사실 거북은 아주 섬세하고 민감한 동물이다. 피부와 껍데기에는 접촉, 통증, 뜨거움, 차가움 등과 같은 여러 자극에 민감한 신경종말(nerve endings; 신경섬유의 끝부분)이 잘 분포돼 있다. 특히 헤르만육지거북 암컷의 경우에는 배갑의 뒤쪽 절반을 자극해 뒷다리를 똑바로 펴게 해서 꽁무니를 들어 올리도록 유도할 수도 있다. 이는 교미를 위해 암컷에 올라탄 수컷의 압력에 의해 유발되는 반사행동인 것으로 보인다.

---

3 중이와 인두를 연결하는 관으로 주로 귀 내부와 외부의 압력을 같도록 조절해주는 역할을 한다.   4 비중격의 대부분을 이루는 뼈로 주위에 야콥슨기관 또는 서골비기관이라 불리는 보조후각기관이 위치하고 있다.

지중해 육지거북의
생태와 생애

지중해 육지거북을 성공적으로 기르기 위해서는 해당 개체가 야생에서 생활하는 방식에 대해 잘 알아야 한다. 지중해 육지거북은 특히 여름에 초목이 드문, 덥고 건조한 곳에서 번성하도록 진화해왔다. 따라서 사육자들은 야생의 환경을 최대한 모방함으로써 자연적이고 다양한 사육환경을 제공하는 동시에 태양, 추위, 포식자로부터 피할 수 있는 은신공간 및 질적인 면에서 올바른 식단을 제공해야 한다.

이와 같이 꼭 필요한 기본적인 요구조건을 제공하고, 어린아이들의 부주의한 핸들링이나 다른 반려동물로부터 받게 되는 스트레스를 예방한다면 건강하고 행복하게 장수할 수 있을 것이다. 반려동물 사육을 성공적으로 이끄는 열쇠는 야생의 생활방식에 대한 지식과 사육자 개인의 독창성을 복합적으로 적용하는 것이다.

지중해 육지거북의 서식지

지중해 육지거북은 유럽, 아프리카 및 중동의 건조한 지역에 서식한다. 지중해를 둘러싸고 있는 지역은 매우 양지바른 곳이다. 이는 이 지역에 휴양산업이 잘 발달

이탈리아 토스카나(Tuscany)에 있는 서헤르만육지거북(*Testudo hermanni hermanni*)의 전형적인 서식지

돼 있다는 사실 하나만 봐도 충분히 알 수 있다. 지중해 주변에 위치한 국가들은 연평균 3000시간(그러나 영국의 일조시간은 일 년에 불과 1500시간에 지나지 않는다)의 일조시간을 갖는, 화창한 날씨를 자랑하는 나라들이다. 태양광은 빛뿐만 아니라 열까지 제공하기 때문에 거북에게 있어 무엇보다도 중요한 환경요인이다. 지중해 육지거북은 계절 강우만 존재하는 건조 혹은 반건조한 환경에서 생활하는 종으로서 상대적으로 고도가 높은 곳에서 발견되며, 특히 호스필드육지거북(Horsfield's tortoise or Russian tortoise, *Testudo horsfieldii*)은 표고 2300m까지의 고도에서 발견된다.

거북은 습도가 너무 높으면 호흡기질환에 쉽게 노출될 수 있는데, 독특한 해부학적 구조로 인해 호흡기와 폐에서 발생하는 점액질이나 콧물을 효과적으로(기침 등을 통해) 제거하는 것이 어렵다. 자연상태의 식생(植生; 지표에 생육하고 있는 식물의 집단)은 그늘을 제공하고 습도조절을 돕는 기능을 함으로써 호흡기질환을 예방한다. 또한, 식물은 반건조지역과 건조한 산림지대에 서식하는 거북에게 먹이로 사용될 뿐만 아니라, 포식자들로부터 피할 수 있는 은신처를 제공하고 영역을 표시할 수 있도록 하기 때문에 이들 거북의 생태계에서 중요한 역할을 담당하는 요소다.

이집트육지거북의 경우 특정 종류의 풀이 모래언덕을 안정화시켜 서식지를 적절한 구조로 조성하는 데 큰 도움을 주며, 그리스육지거북의 경우 다육식물인 유포르비아(*Euphorbia*; 쌍떡잎식물 쥐손이풀목 대극과의 한 속인 다육식물)의 수풀이 계절적으로 무성한 환경에서 영구적인 그늘과 은신처를 제공하는 역할을 하고 있다.

지중해 육지거북이 발견되는 대부분의 자연서
식지에서 중요한 요소는 인간의 발길이 거의
닿지 않는다는 점이다. 따라서 탁 트인 모래밭
이나 바위가 많은 곳뿐만 아니라 산 중턱, 삼림
지대 및 울창하게 자란 올리브 숲에서도 발견
된다. 극단적인 예로는 헤르만육지거북과 이
집트육지거북의 경우를 들 수 있는데, 이집트
육지거북이 거친 모래언덕에 자리를 잡는 반

면, 헤르만육지거북은 상당한 두께로 형성된 지피식물층을 선호하는 경향이 있다.
지중해 육지거북은 상대적으로 건조한 지역에서 진화해왔기 때문에 미세기후(微細
氣候, microclimate)는 이들에게 매우 큰 영향을 미친다. 미세기후지역은 햇볕이 내리쬐
는 지역과는 달리 시원한 곳처럼, 주변 지형과 식생이 좀 더 일반적인 곳의 환경과는
현저하게 다른 작고 좁은 온도대지역을 의미한다. 예를 들어, 버려진 설치류 굴은 다
른 일광욕지역에 비해 상대적으로 더 습하고 시원한 환경을 제공해줄 수 있다.

특히 미세기후지역은 막 태어난 해츨링(hatchling)이나 어린 개체에게 유용하다. 식
물이나 바위의 아래 공간은 작고 예민한 거북이 탈수와 같은 심각한 문제를 피할
수 있는 환경을 제공하면서 포식자로부터 보호하는 은신처가 돼준다. 이와 같이
은밀한 생활방식으로 인해 작은 거북의 행동은 성체들의 행동과 크게 달라진다.

지중해 육지거북의 크기와 수명

지중해 육지거북은 종에 따라 껍데기길이가 90~280mm 사이에 해당되는 중형 및
소형의 육지거북이다. 성체 암컷의 껍데기길이를 기준으로 비교했을 때 그리스육
지거북의 경우 150~190mm 정도 되고, 헤르만육지거북은 190mm, 마지네이트육
지거북은 220~280mm, 호스필드육지거북은 200mm 정도에 이른다. 이집트육지거
북의 경우 120mm 정도로 지중해 육지거북 중 가장 작은 축에 속한다. 이처럼 작은
크기 덕분에, 육지거북을 기르고 싶지만 큰 덩치로 인해 망설이고 있는 사육자가
상대적으로 부담없이 선택할 수 있는 종이라고 하겠다.

지중해 육지거북은 육지거북을 기르고 싶지만 큰 덩치로 인해 망설이고 있는 사육자가 상대적으로 부담없이 선택할 수 있다.

거북은 장수하는 동물로, 80~90살 또는 100살 이상까지 산 기록이 드물지 않게 확인된다. 그러나 거북의 나이를 정확히 파악하는 것은 어렵다. 거북의 등갑에서 관찰되는 성장륜(成長輪, 나이테)은 나무의 나이테와는 달리 하나의 고리가 꼭 1년을 의미하는 것이라고 단정할 수는 없다. 또한, 야생 혹은 정원에서 생활하는 육지거북 중 나이가 많은 개체의 경우 땅을 파는 과정에서 발생하는 찰과상이나 박테리아 및 균류 침식으로 인해 마모되기 때문에 초기의 성장륜이 사라지기도 한다.

일반적으로 거북의 나이는 인갑의 마모 정도와 노인환(老人環, arcus senelis)[1] 이라고 불리는, 안구 안의 홍채를 감싸고 있는 밝고 불투명한 고리무늬의 존재 여부로 판별할 수 있다. 기억해둘 것은 유럽에서 1984년부터 지중해 육지거북의 거래가 금지됐다는 사실이다. 현재까지 살아 있는 대부분의 성체들은 거래금지 이전에 수입된 개체들로, 수입됐을 시점에는 20살 중반에서 30살 정도 됐을 것으로 추정된다.

---

1   노화현상의 일종으로 홍채 주변 각막의 가장자리에 생기는 흰색, 회색, 파란색 고리 모양의 불투명한 혼탁을 이른다. 각막의 주변부에 지질이나 단백질 같은 대사물질이 침착돼 생긴다. 각막의 주변부에 발생하며, 눈의 중심에는 침범되지 않으므로 시력저하는 나타나지 않는다. 노년환이라고도 불린다.

지중해 육지거북의 야생에서의 위치

지중해 육지거북은 소형 또는 중형의 설치류나 토끼와 같은 초식동물과 비슷한 생태적 위치를 차지하고 있으며, 이들처럼 태양광을 이용해 식물로부터 얻은 에너지를 동물성 단백질로 전환시켜 흡수한다. 튼튼하고 방어에 유리한 '갑옷'을 지니고 있음에도 불구하고, 다른 초식동물들과 마찬가지로 포식자에게 취약한 존재다.

성체는 수염수리(Bearded vulture, *Gypaetus barbatus*)나 황금독수리(golden eagle, *Aquila chrysaetos*)와 같은 큰 맹금류의 사냥감이 된다. 지중해 육지거북을 사냥한 독수리는 껍데기를 깨기 위해 30m 상공까지 날아올라간 다음 아래로 떨어뜨리는데, 간혹 여러 번 시도하는 경우를 볼 수도 있다. 알을 가진 암컷과 수컷 성체는 번식기 동안 개체군을 많이 늘릴 수 있는 가능성이 있지만, 알자리와 막 부화한 해츨링을 호시탐탐 노리는 위험한 약탈자인 야생 멧돼지나 생쥐 또는 여우 등의 육상 포식동물로부터 늘 생존에 위협을 받고 있는 실정이다.

지중해 육지거북의 먹이활동

일반적으로 지중해 육지거북은 남향의 산허리에 서식하며, 밤에는 바위와 가시덤불 아래에서 잠을 잔다. 아침에 활발하게 활동할 수 있을 정도로 몸이 데워질 때까지 일광욕을 한 다음, 터벅터벅 걸어가면서 꽃과 나뭇잎을 잘라 먹는다. 하루 중 가장 더운, 태양이 중천에 이르는 시간이면 낮잠을 자고, 늦은 오후가 되면 저녁식사를 위해 다시 나타난다. 봄과 초여름은 먹이가 풍부한 기간이지만, 한여름에는 날씨가 매우 덥고 먹을 것이 거의 없어서 일정 기간 동안 땅을 파고 은신한다.

새끼거북에게 먹이를 과다하게 급여하면 과속성장을 일으킴으로써 비뇨기를 약화시키고 뼈가 약해지는 결과를 초래하므로 급여에 주의를 요한다.

먹이가 부족한 계절에 땅속에 은신해 있다가 땅을 긁고 나와 살아가는 모습이 인간의 눈에는 매우 힘든 생활방식으로 보

일 수도 있지만, 지중해 육지거북은 진화과정에서 자신이 처한 척박한 환경에 적응해 살아가도록 효과적으로 '설계'됐기 때문에 이러한 방식을 '개선'하려는 어떠한 인위적인 시도도 거북의 건강에 문제를 유발할 수 있다는 점을 명심해야 한다.

영국식 정원은 자연상태에 비해 먹이가 훨씬 더 풍부한 환경으로 사육개체가 먹이를 찾기 위해 애를 쓰며 돌아다닐 필요가 없다. 또한, 낮잠을 오래 자야 할 정도로 항상 덥지는 않은 날씨가 이어지기 때문에 하루 종일 먹이활동을 지속할 수 있다는 점에서 야생의 환경과는 확연하게 다른, 잘못된 형태로 개선된 환경이라고 할 수 있다. 이와 같이 자연상태에서보다 훨씬 더 많은 먹이를 제공받고 운동량은 더 적어지는 사육환경에서는 건강에 좋지 않은 과잉성장이 진행될 수 있다.

사육주는 본능적으로 자신이 기르는 지중해 육지거북에게 많은 먹이를 급여함으로써 보상하고자 하는 심리를 가지고 있다. 제공되는 식단이 야생에서 섭취하는 다양한 야생식물과 올바르게 재배된 식물로 이뤄져 있는 경우 성체거북에 있어서는 실제로 별 문제는 없을 것이다. 그러나 새끼거북의 경우 먹이를 과다하게 급여하면 자연스럽게 과식을 하게 되고, 이는 과속성장을 일으킴으로써 비뇨기를 약화시키고 뼈가 약해지는 결과를 초래하므로 과다급여에 주의를 요한다.

지중해 육지거북의 번식

늦여름과 가을이 되면, 추운 계절(보통 11월 말~3월 중순) 동안 동면을 하기 위한 준비로 먹이섭취를 서서히 줄이다가 완전히 멈춘다. 몇 주에 걸쳐 위장을 비우고, 약간의 활동을 이어간 다음 지하에 땅을 파고 동면에 들어간다. 따뜻한 봄이 오면 동면에서 깨어나는데, 진흙 같은 땅에서 나와 일광욕을 하고 그 해의 첫 먹이를 먹는다. 성체는 곧 짝짓기를 시작하며, 조개껍데기 부딪치는 소리로 언덕이 요란하게 울린다.

암컷은 5월과 6월에 알자리를 파고 알을 낳으며, 9월경에 부화한 새끼들이 땅속에서 나온다. 많은 알과 해츨링은 여우, 고슴도치, 새 등에 잡아먹히지만, 살아남은 알들은 부화하고 하루 정도 지나면 성체와 똑같은 생활방식으로 완전히 독립적인 삶을 살게 된다. 일반적으로 10살이나 12살 전후에 성성숙에 도달하며, 다음 세대를 위해 짝짓기를 하고 알을 낳는 과정을 반복한다.

지중해 육지거북의
특성과 습성

지금까지 지중해 육지거북의 신체구조와 기능, 생태와 생애 등에 대해 알아봤다. 이번 섹션에서는 지중해 육지거북이 지니고 있는 특유의 습성과 번식활동 중 나타나는 행동의 특성 등에 대해 간단하게 살펴보도록 한다.

행동변화를 통한 체온조절(thermoregulation)

조류나 소형포유류와는 달리 체온을 스스로 조절할 수 없다는 사실 때문에 예전에는 거북과 같은 파충류를 온혈동물과 대비되는 의미의 '냉혈동물(冷血動物)'이라는 명칭으로 불렀다. 그러나 교육과정이 바뀌면서 기온과 관계없이 일정한 체온을 유지할 수 있는 동물을 항온동물(恒溫動物), 이와 대조적으로 외부의 온도변화에 의지해 체온을 조절하는 동물을 '변온동물(變溫動物)'이라고 규정해 지칭하게 됐다.

변온동물의 체온조절에 사용되는 가장 주된 열원은 태양이며, 거북은 적절한 체온에 이를 때까지 일광욕을 하면서 몸을 데운다. 지중해 육지거북의 경우 적정체온(PBT, preferred body temperature)은 30°C 내외다. 적정체온이란 거북의 체내 화학반

그리스육지거북(Greek tortoise, *Testudo graeca graeca*) 수컷이 정원 울타리에서 '갑썩음증' 병변이 있는 부위에 일광욕을 하고 있는 모습. 야생개체나 가정에서 기르는 대부분의 거북은 아침시간에 일광욕으로 체온을 높인다.

응, 소화, 면역, 장내 박테리아활동 등을 포함해 모든 신체기능이 가장 잘 기능하는 최적의 온도를 의미한다. 야생개체나 가정에서 기르고 있는 대부분의 거북은 아침 시간에 일광욕으로 체온을 높이며, 야간에 몸을 숨기고 쉴 자리를 찾기 전 늦은 오후에 다시 한번 일광욕으로 몸을 데운다. 기온이 가장 높은 한낮에는 그늘을 찾고, 하루 중 다른 시간에도 먹이활동과 교미 등의 주요한 행동에 적합하도록 체온을 조절하기 위해 다양한 형태로 행동이 변화된다. 동면은 자연상태에서 변온동물이 힘든 시간을 벗어나는 방식이며, 몇몇 지중해 육지거북에서 먹이가 부족한 기간을 견디내는 데 도움이 된다. 이 부분에 대해서는 '동면' 편에 좀 더 자세히 설명돼 있다.

열 흡수를 위한 등갑의 형태와 변화

앞서 언급한 바와 같이, 변온동물인 거북은 주로 태양빛에 의존해 체온을 적절하게 유지한다. 거북은 움직임을 통해, 즉 직사광선이 내리쬐는 곳과 그늘진 곳을 번갈아 이동하는 방식으로 체온을 조절하며 약 30℃ 정도로 유지한다. 지중해지역의 높은 평균 일조시간은 이들 육지거북이 하루 중 상당한 시간을 활동할 수 있도록 도움을 주며, 위도가 상대적으로 높은 지역과 비교할 때 일 년 중 더 많은 날 동안 활동할 수 있도록 해준다. 거북이 체온을 제어하는 주된 방법은 태양빛을 쬐다가 체온이 지나치게 올라가려고 하면 다시 그늘을 찾는 행동을 반복하는 것이다.

그러나 이러한 방식은 상당히 일차원적이다. 거북은 태양빛에 직접 노출되는 등껍데기(등갑)의 면적을 늘리거나 줄이기 위해 각도를 변경하는 등의 미세조정행동을 하기도 한다. 태양광과 직각을 이루도록 몸체를 돌리고, 등껍데기의 표면적을 최대한 많이 노출시키거나, 혹은 더 좁은 면적이 노출되도록 태양 쪽을 향하거나 몸을 틀기도 한다. 또한, 다리를 사용해 등껍데기를 기울이거나 적정각도를 맞추기 위해 경사면 혹은 바위를 이용하는 행동을 나타내는 것도 흔히 볼 수 있다.

한편, 내부적으로는 피부와 껍데기로 가는 혈류량을 줄이거나 증가시키는 방법을 택할 수도 있다. 만일 거북이 몸을 빨리 데우고 싶은 경우에는 가능한 한 많은 열을 흡수하기 위해 최대한 신속하게 껍데기와 피부를 통과하는 말초혈류량을 늘리고, 이것을 장기와 조직의 다른 부분으로 이동시킨다. 반대로 밤에는 몸이 차가워지는 것을 지연시키기 위해 표피의 혈액순환을 차단함으로써 열의 손실을 줄인다.

열 흡수를 위해서는 껍데기의 색깔, 특히 등갑의 색깔이 중요한데, 검정색은 빛과 열을 가장 잘 흡수한다. 헤르만육지거북과 같이 북쪽에 서식하거나 호스필드육지거북과 같이 높은 고도에서 발견되는 종은 더 남쪽지역에 서식하는 개체들보다 좀 더 어두운 체색을 띤다. 헤르만육지거북은 동종 내에서도 고도에서 발견된 개체의 경우 대부분 더 어두운 체색을 가지고 있다. 리비아지역의 그리스육지거북과 같이 매

일광욕을 할 때 종종 껍데기를 기울여 태양을 받는 각도를 바꾸기도 하는데, 이렇게 하면 열을 받는 표면적이 증가하거나 감소하게 된다.

갑썩음증 및 기저뼈감염이 나타난 모습. 사진은 그리스육지거북(Greek tortoise, *Testudo graeca graeca*) 수컷이다. 터키육지거북(Turkish tortoise, *Testudo graeca ibera*) 수컷과의 다툼으로 등갑이 손상된 이후 발병됐다.

우 뜨겁고 일조량이 많은 곳에서 발견되는 종들은 열 흡수를 줄이고 반사시키기 위해 등갑의 대부분이 노란색을 띠는 것을 볼 수 있다.

영역에 대한 의식과 방어행동

지중해 육지거북을 사육하면서 누릴 수 있는 즐거움 중 하나는 그들의 행동양식을 관찰하는 것이다. 논쟁의 여지가 있는 부분이지만, 파충류는 많은 조류 및 포유류와 같은 반려동물만큼 똑똑하지는 않아도 꽤 지능적인 동물이다. 사육자가 자신이 기르는 각 개체가 좋아하는 것과 싫어하는 것 그리고 독특한 행동패턴을 인식하게 되는 것처럼, 거북도 그들의 보호자를 인식하게 된다. 한 연구에서 막 부화한 그리스육지거북과 헤르만육지거북의 행동을 실험한 결과, 이들이 단지 색을 구별하는 데 그치는 것이 아니라 다른 모양의 대상까지 구별할 수 있는 것으로 나타났다(Fenwick 1995).

거북은 종종 영역동물이라고 일컬어진다. 어떤 경우에는 이 말이 사실이지만, '거북은 필요에 따라 스스로를 방어하는 데 도움이 되는 지점을 차지한다'고 이야기하는 것이 좀 더 정확한 표현이다. 집은 거북이 살아남기 위해 필요한 모든 것을 갖추고 있고 거북이 오래 머물면 머물수록 좀 더 잘 파악하게 됨으로써 효과적으로 활용할 수 있게 된다. 최적의 일광욕장소와 시간, 깨끗한 물과 먹이의 위치와 같은 것은 계절이 바뀌더라도 거북이 기억할 것이다. 즐겨 찾는 굴이나 휴식처는 지속적으로 찾게 되고, 대부분의 경우 매년 동면을 위한 장소도 동일하게 선택된다.

그러나 거북의 자연서식지는 영양적인 면에서 열악하고 가혹한 환경이며, 그곳의 부족한 자원으로는 보통 다수의 개체를 유지할 수 없다. 150㎡당 한 마리 정도의 서식밀도를 띠는 곳이 드물지 않으며, 각각의 종이나 크기에 따라 서식밀도가 훨씬 더 높은 경우도 있다. 오랜 기간 동안 육지거북은 다양한 시행착오를 거치면서 자신의 영역을 가장 효과적으로 활용하는 방법을 터득하는 데 많은 시간과 노력을 기울이게 된다. 이처럼 오랜 시간 힘든 과정을 거쳐 영역을 확보하기 때문에 반드시 방어돼야만 하는 것이다. 수컷은 다른 수컷을 상대할 때 영역의식이 더욱 강해진다. 특히 터키육지거북(Turkish tortoise, *Testudo graeca ibera*) 수컷은 매우 공격적이기 때문에 공격성이 덜한 다른 종과 합사하게 되면 심각한 피해를 입힐 수 있다.

터키육지거북은 다른 거북을 자신의 세력권에서 쫓아내기 위해 물거나 몸통을 부딪치는 행동을 보인다. 자신이 우위라는 것을 표시하기 위해 다른 거북의 몸을 밟고 올라타는 경우도 있다. 이와 같은 행동으로 인한 피해는 대부분 껍데기 뒷부분에 나타나는데, 케라틴 각질의 일부분이 손상되고 뼈가 노출되면서 등갑에 심각한 상처를 남긴다. 또한, 머리와 다리 주변을 무는 모습도 종종 관찰할 수 있다.

일부 수컷에서는 영역본능이 너무 강해 이러한 행동이 돌이나 신발처럼 거북이 아닌 무생물에게도 표출되며, 이 무생물과 짝짓기를 하려고 시도하는 모습도 볼 수 있다. 암컷도 때때로 비슷한 행동을 보일 때가 있지만, 수컷처럼 강렬하지는 않다. 갓 태어난 개체가 성성숙에 도달하기까지는 약 5년이라는 시간이 소요되는데, 영역방어행동의 징후는 빠르면 1년생에서도 관찰할 수 있다. 이러한 영역방어행동은 교미행동과는 차이가 있지만, 겉으로 드러나는 행동방식은 비슷하게 보인다.

공격적인 짝짓기행동

짝짓기행동의 시작은 수컷이 암컷의 뒤를 따라다니면서 물어뜯는 것으로 나타나며, 매우 공격적으로 보일 수도 있다. 이와 같은 행동은 번식기의 거북에서 나타나는 정상적인 행동이며, 배란을 유발하는 중요한 자극이 된다. 그러나 밀폐된 공간 내에서 암컷이 수컷의 관심으로부터 벗어날 수 없는 경우 심각한 손상이 유발될 수도 있다.

짝짓기행동은 수컷이 암컷의 뒤를 따라다니며 물어뜯는 것으로 시작되며, 매우 공격적으로 보일 수도 있다.

짝짓기는 수컷이 껍데기의 앞부분을 이용해 암컷을 강하게 치며 소리를 내는 것으로 시작한다.

짝짓기의 첫 번째 징후는 수컷이 껍데기의 앞부분을 이용해 암컷을 강하게 치며 소리를 내는 것으로, 이는 구애를 위한 확실한 신호다. 암수의 행동을 자세히 관찰해보면, 수컷의 행동은 암컷을 쫓아내기 위한 것이 아니라 암컷이 도망가지 못하게 제지하고 있다는 것을 알 수 있다.

암컷이 짝짓기를 받아들이기로 마음을 먹으면 교미를 원활하게 할 수 있도록 엉덩이 쪽을 들어 올리고, 수컷은 암컷의 등에 올라탄다. 일부 종의 경우 수컷 복갑에 나타나는 오목한 부분의 도움을 받아 암컷의 등껍데기 뒤쪽으로 좀 더 안정적으로 올라갈 수 있다. 일반적으로 거북은 비교적 조용한 동물이다. 많은 사람들이 거북을 들어 올렸을 때 재빠르게 사지와 머리가 등갑 안으로 들어가면서 내는 히싱(hissing) 소리 때문에 이를 부정하기도 한다. 수컷 거북은 짝짓기를 할 때 소리를 내는데, 특히 이집트육지거북(Egyptian tortoise, *Testudo kleinmanni*) 수컷은 교미할 때 마치 새소리와 비슷한 소리를 내기도 한다.

사육밀도가 비정상적으로 높은 환경에서는 일반적으로 부적절한 영역의식과 교미행동이 일어나는 것을 볼 수 있다. 이러한 현상은 잘못된 성비에 의해 더 악화될 수 있으며, 수컷의 개체 수가 과다하거나 타종 간의 부적절한 합사 등을 예로 들 수 있겠다. 이 경우 서열이 높은 개체나 낮은 개체 모두 고통을 겪게 된다. 서열이 낮은 개체는 일광욕지역에 접근하지 못할 수도 있고, 먹이경쟁에서 밀리는 일이 장기화되면서 약화될 수 있다. 또한, 일광욕자리에서 밀려나 적정체온을 유지하지 못하게 되면서 면역력과 소화능력이 저하되기도 한다. 반대로 서열이 높은 개체의 경우 경쟁자를 몰아내기 위해 너무 많은 시간을 할애하거나 암컷과의 반복적인 교미를 피할 수 없는 상태가 지속되면서 먹이섭취량이 감소하고 피로가 누적되기도 한다.

Chapter 02

지중해 육지거북 사육의 기초

반려동물로서의 지중해 육지거북이 지닌 다양한 매력과 장점들에 대해 살펴보고, 지
중해 육지거북을 기를 때 사육주가 주의해야 할 여러 가지 사항들에 대해 알아본다.

반려동물로서의
지중해 육지거북

지중해 육지거북은 전통적으로 매우 인기 있는 반려파충류였으며, 그중에서도 헤르만육지거북(Hermann's tortoise, *Testudo hermanni*), 그리스육지거북(Greek tortoise, *Testudo graeca graeca*), 마지네이트육지거북(Marginated tortoise, *Testudo marginata*)이 애호가들 사이에서 가장 인기가 높은 종이다. 이집트육지거북(Egyptian tortoise, *Testudo kleinmanni*)은 상대적으로 대중성이 조금 떨어지고, 호스필드육지거북(Horsfield's or Russian tortoise, *Testudo horsfieldii*)도 인기가 있는 편이다. 이번 섹션에서는 반려동물로서 지중해 육지거북이 지닌 장점과 매력에 대해 간략하게 알아본다.

특정 시기에 야외사육이 가능하다

헤르만육지거북과 그리스육지거북의 경우 정원에 풀어기르는 모습 때문에 많은 사람들에게 '정원거북(garden tortoise)'으로 친숙한 종들이다. 모든 거북은 더운 기후에서 서식하며, 지중해 육지거북은 건조한 기후지역 출신이다. 정원에서 사육하는 방식은 좀 더 나은 환경을 제공할 수 있는 실내사육이 보편화되기 전부터 실행돼온

지중해 육지거북은 작고 귀여운 외모와 온순하고 조용한 성격을 지닌 종으로 육지거북 애호가들에게 인기가 매우 높다.

오랜 관행이다. UV조명이 발명된 이후로 관리방식이 크게 바뀌었고, 이제는 자연 서식지에서 경험할 수 있는 환경조건을 재현하기 위해 노력하고 있다. 참고로 지중해 육지거북 중 현재 글을 쓰고 있는 영국의 기후에 적합하다고 볼 수 있는 종은 없으며, 일 년 내내(또는 여름 내내) 정원에서 관리해야 하는 거북은 없다. 다만 날씨가 거북이 선호하는 조건을 제공하는 날에는 정원에 풀어놓는 것이 허용될 수도 있다.

작은 크기와 귀여운 외모

지중해 육지거북은 대부분 90~280mm 내외로 크기가 작으므로 육지거북을 기르고 싶지만 육중한 크기 때문에 망설이는 애호가들이 선택하기에 적절하다. 눈길을 사로잡는 귀엽고 호감 가는 외모 또한 인기를 끄는 매력 중 하나라고 볼 수 있다.

온순하고 조용한 성격

지중해 육지거북은 대부분 온순하고 조용한 성격을 지니고 있는 훌륭한 반려거북이다. 그리스육지거북의 경우 요구사항이 충족되고 핸들링에 대한 거부감이 배려

되기만 한다면 기민하고 친근한 모습을 보여준다. 노란색과 갈색 등껍데기, 두꺼운 비늘, 강한 다리를 가진 매력적인 그리스육지거북은 온화한 성격과 투명한 아름다움으로 애호가들의 사랑을 듬뿍 받고 있다. 헤르만육지거북 또한 성격이 온순하며, 자신을 방어하기 위한 목적 외에는 어떠한 경우에도 거의 물지 않는다. 충분한 야외공간이 있고 적절한 기후지역에 사는 애호가에게 훌륭한 반려동물이 된다. 활동성도 매우 뛰어나 달리기도 하고 땅을 파며, 사냥을 즐기고 일광욕을 좋아한다.

호스필드육지거북의 경우 크기는 작지만 성격이 호탕하며, 매우 활동적이고 사육주에게 잘 반응한다. 마지네이트육지거북은 강건하고 활발한 성격이며, 수명이 길어 오랫동안 반려동물로서 사육주와 함께할 수 있다. 이집트육지거북은 크기도 작고 성격도 온순해 애호가들에게 인기가 많다.

관찰의 재미가 있다

지중해 육지거북은 낮 동안 깨어 있는 주행성 종이다. 대부분의 시간 동안, 잠을 자거나 일광욕을 하고 뛰어다니는 등의 활동을 하며 보낸다. 움직임이 굉장히 빠른데, 적절하게 몸이 데워진 거북이 사육주의 보행속도에 가깝게 이동하는 모습을 보고 놀라는 경우도 있다. 바위, 울타리, 돌담 등을 포함해 많은 장애물을 기어오르는 능력 또한 놀라운 점이다. 인간을 무는 경우는 거의 없지만(매니큐어 바른 손톱 등 밝은 색의 물건을 먹이인지 확인하기 위해 탐색할 때는 예외), 부리로 물면 살짝 고통스러울 수 있다.

유대감 형성이 가능하다

지중해 육지거북은 기르는 것이 매우 보람 있고 매력적인 반려파충류 중 하나라고 장담한다. 사육주를 알아보고 유대감을 느끼며, 외출에서 돌아온 가족을 맞이하기 위해 쪼르르 달려가는 귀여운 모습도 볼 수 있다. 일단 사육자를 인식하게 되면 많은 개체들이 꽤 친근한 모습을 나타내며, 특히 음식을 먹는 것을 봤을 때 사육자에게 다가가는 행동을 볼 수 있다. 때로는 낯선 사람을 멀리할 정도로 지능이 높고 똑똑한 거북이며, 집 안에서 가족구성원을 졸졸 따라다닌다거나 사육주의 발 옆에 서서 관심을 요구하는 친근한 모습을 보이기도 한다.

02
section

지중해 육지거북
사육 시 주의할 점

앞서도 언급했듯이, 지중해 육지거북은 강건하고 온순하기 때문에 몇 가지 사항만 신경 쓰면 전반적인 유지관리가 비교적 쉬워 아주 오랫동안 반려동물로 함께할 수 있는 육지거북이다. 이번 섹션에서는 지중해 육지거북을 본격적으로 사육하기에 앞서 주의해야 할 몇 가지 사항에 대해 간략하게 알아본다.

핸들링 시 주의할 점

거북은 습성상 머리를 만지는 행위에 대해 본능적으로 두려움을 느낀다. 위협적인 느낌이 들지 않도록 하기 위해서는 먼저 껍데기를 쓰다듬고 나서 손가락을 껍데기에서 머리 쪽으로 부드럽게 미끄러뜨리는 것이 좋다. 겁에 질렸을 때 껍데기 속으로 머리를 집어넣거나 움직이지 않을 수도 있다. 흥분하거나 가만히 있을 때, 휴식을 취할 때 종종 숨을 크게 쉬며 사지와 목을 안팎으로 펌핑하고 머리를 위아래로 끄덕인다. 거북을 핸들링할 일이 있을 때는 껍데기를 들어 올린 상태에서 다리가 공중에 너무 오래 떠 있지 않도록 가능한 한 빨리 손이나 바닥에 내려놔야 한다.

중소형인 테스투도속 거북의 경우 핸들링하기가 비교적 쉽다. 우선 앞다리와 뒷다리 사이의 중간 지점 껍데기를 잡는다. 대부분의 거북은 잡았을 때 머리를 껍데기 속으로 집어넣을 것이다. 가능하면 측면을 따라 앞다리를 짧게 억제해 머리에 접근할 수 있도록 하는 것이 좋다. 후두부 뒤쪽에 엄지와 중지를 두면 움츠리는 것을 막을 수 있다.

껍데기 속으로 머리를 집어넣었을 경우 다리와 머리를 펴기 위해 너무 많은 힘을 주면 거북에게 부상을 입힐 수 있으므로 주의해야 한다. 또한, 신체검사를 위해 진정시킬 경우 거북을 바닥에 떨어뜨리면 껍데기가 부

핸들링 시 바닥에 떨어뜨리면 껍데기가 부서지거나 갈라질 수 있으므로 추락하지 않도록 단단히 잡는 것이 중요하다.

서지거나 갈라질 수 있으므로 추락하지 않도록 단단히 잡는 것이 중요하다.

거북은 일반적으로 공격적인 성향을 띠지 않지만, 강하고 날카로운 부리를 사용해 단단하게 물 수도 있다는 점을 기억하자. 한번 물면 놓지 않기도 한다. 사지가 갑자기 빠졌을 때 무심코 손가락이 껍데기에 끼지 않도록 주의한다. 거북은 살모넬라 인체감염의 중요한 매개원으로 간주되므로 핸들링할 때는 장갑을 착용하되, 여러 마리를 핸들링할 때는 항상 개체마다 새 장갑을 착용해 살피도록 한다. 거북이나 주변 환경을 다룬 후에는 비누와 따뜻한 물로 손을 깨끗이 씻는 것도 잊지 말자.

거북은 식별이나 장식을 위해 껍데기를 채색해서는 안 되며, 탈출을 막기 위해 껍데기를 뚫어 체인을 다는 등의 행동은 절대 삼가야 한다. 이는 잔인하고 극도로 고통스러운 행위다. 껍데기에는 사람의 손톱 밑에 있는 것과 같은 신경이 분포돼 있다.

적절한 운동 제공

거북은 격렬한 활동을 하면서 운동을 하고 틈틈이 잠을 잔다. 자연상태에서 지중해 육지거북은 자신의 영역을 순찰하거나 먹이를 찾기 위해 하루에 3km 거리를 이

지중해 육지거북은 야생에서 매우 먼 거리를 이동하는 활동적인 동물이므로 매일 여러 번 운동을 시키는 것이 좋다.

동하기도 한다. 따라서 이상적으로는 매일 여러 번 운동을 시키는 것이 좋다. 여의치 않을 경우 하루 종일 사육장 내에 그대로 둘 수도 있는데, 거북은 특히 어릴 때 폐쇄된 공간에 갇혀 있는 것보다 걷는 것을 선호한다. 너무 오랫동안 갇혀 있으면 물에 소변을 보기도 하며, 이는 잠재적인 포식자를 놀라게 하기 위한 행동이다.

오전 8시에 조명을 켜고 1시간 동안은 몸을 데워야 거북이 움직일 수 있는 에너지를 갖게 되며, 저녁에 조명을 끄기 전에도 1시간 동안 몸을 데워야 한다. 따라서 오전 9시에서 오후 7시 사이에 사육장에서 꺼내 운동을 시킬 수 있으며, 이때 지친 기색이 보이거나 몸이 식으면(새끼 때는 15분, 성체는 1시간) 사육장으로 돌려보내 몸을 데우도록 해준다. 부드러운 바닥보다 카펫이나 타월이 깔린 바닥이 운동하기에 적절하다.

운동을 하는 동안 지중해 육지거북은 다른 반려동물, 특히 고양이와 개로부터 멀리 떨어진 곳에 둬야 한다(공격성이 없는 반려동물이라도 거북을 장난감으로 인식할 수 있다). 또한, 매니큐어를 칠한 발톱이나 색상이 화려한 신발, 전선 등을 꽃으로 생각하고 물 수도 있으므로 주의를 요한다. 새 사육장에 옮겼을 경우 변화된 환경에 적응할 수 있도록 며칠 동안은 운동을 시키지 않고 그대로 두는 것이 좋겠다.

날씨가 좋은 날에 태양광에 노출시키는 것이 무엇보다 유익하며, 거북은 정원을 탐험하는 것을 좋아한다.

일광욕 및 정원에 풀어놓을 경우의 대처

날씨가 지중해 육지거북이 선호하는 자연서식지와 일치하는 경우 나이에 관계없이 낮 시간 동안 정원에 풀어두고 일광욕과 운동을 시킬 수 있다. 거북이 정원에서 시간을 보내는 동안 사육주는 옆에서 휴식을 취하는 것도 좋겠다. 튀니지육지거북(Tunisian tortoise, *Testudo graeca nabulensis*), 이집트육지거북(Egyptian tortoise, *Testudo kleinmanni*) 등 사막종과 그 아종은 조금 더 뜨거운 것을 좋아한다. 날씨가 좋은 날에 태양광에 노출시키는 것이 무엇보다 유익하며, 지중해 육지거북은 정원을 탐험하는 것을 좋아한다. 사육장에서 먼저 2시간 정도 몸을 데우도록 한 후 자유롭게 풀어주자.

거북은 울타리와 벽을 기어오르고 울타리 밑을 파헤치며, 이웃의 반려동물이나 까마귀와 같은 야생조류의 공격을 받을 수 있다. 따라서 거북이 밖을 볼 수 없도록 건고한 벽을 설치하고, 포식자를 막기 위해 울타리 윗부분에 덮개를 설치해야 한다. 잔디나 토양에 햇볕을 피하고 숨길 은신처와 물그릇을 비치하는 것도 중요하다.

울타리는 또한 땅을 파면서 탈출구가 생기는 것을 막기 위해 깊숙이 설치해야 한다. 울타리 안에 자라는 식물은 지중해 육지거북이 먹기에 안전해야 하며, 거북이 섭취하지 않도록 모든 동물의 배설물은 깨끗이 제거하도록 한다. 보다 정교하게 꾸미려면 등반을 위한 암석이나 키 큰 풀과 같은 자연서식지의 식물들을 포함시킬 수 있다. 정원 연못이나 다른 물놀이 장소에 접근하지 못하도록 주의해야 한다.

새로운 개체의 입양과 격리

거북을 처음 한 마리만 들여왔을 때는 별도의 격리과정이 필요치 않다. 그러나 이후 계속해서 새로운 개체를 들일 때는 격리과정이 매우 중요해진다. 격리를 진행하는 데 있어서 일반적인 지침은, 새로 들여온 개체가 기존의 개체에게 해를 끼칠 수 있는 질병을 일으키지 않는다는 확신이 들 때까지 충분히 오랫동안 기존의 개체와 떨어뜨려놓는 것이다. 격리기간은 기본적으로 약 2~4주 정도 잡으며, 상황에 따라 최대 6개월까지 지속될 수 있다. 기존개체가 전염 가능성이 있는 질병에 걸렸을 경우에도 다른 개체를 보호하기 위해 즉시 격리사육장으로 옮길 수 있다.

일단 새로 들여온 개체를 격리를 위한 별도의 공간에서 관리한 다음 일정 기간이 지나면 준비된 사육장으로 옮기는데, 좀 더 세심하게 관리하기 위해서는 먹이그릇과 먹이집게 등을 사용하고 격리사육장을 별도의 방에 보관한다. 격리개체나 격리사육장을 다룰 때는 일회용장갑을 착용하며, 사용 후에는 버려야 한다. 격리된 개체에 대한 상시 모니터링이 필요한데, 기존의 개체에게 질병을 옮기는 것을 방지하기 위해 기존개체를 먼저 살핀 다음 격리개체를 살펴야 한다. 또한, 격리개체가 먹이를 거부하는 경우 남은 먹이를 기존의 개체에게 제공해서는 안 된다.

격리사육장은 사육주가 접근하기 용이하고 완벽하게 소독이 가능한 재질로 만들어진 것이 이상적이다. 스팀 또는 끓는 물을 이용해 청소를 해주면 질병원이나 기생충을 제거할 수 있을 것이다. 플라스틱 사육장이 일반적으로 이러한 목적으로 사용하기 용이하다. 모든 장식물 또한 청소 및 소독이 용이해야 하며, 일회용을 사용해서 격리개체가 전염성 질병을 앓고 있는 것으로 판명되면 폐기하도록 한다.

사육장의 재사용

격리 여부에 관계없이 다른 개체가 이전에 사용한 사육장에 새로운 개체를 옮겨야 하는 경우, 사육장과 장식물을 먼저 파충류에 안전한 소독제로 철저히 청소하고

소독한 다음 바닥재도 교체해야 한다. 기존의 개체가 전염병으로 폐사했다면 사육장과 장식물을 모두 버리고 새 것을 구입해 사용하는 것이 좋다. 드문 경우지만, 크립토스포리디움(*Cryptosporidium*) 같이 심각한 영향을 끼치는 기생충은 빈 사육장에서 2년 동안 생존할 수 있으며, 간단한 소독제로는 완전하게 제거할 수 없다.

거꾸로 뒤집어졌을 경우의 대처

거북이 사육장 내 은신처나 장식물을 타고 오르려다가 떨어져 거꾸로 뒤집어지는 일이 발생할 수 있는데, 이 경우 거의 항상 똑바로 몸을 다시 뒤집을 수 있다. 머리와 다리를 흔들어 몸을 뒤집기 편한 위치로 이동한 다음 발로 몸을 밀어내는 방법을 사용한다. 사육주는 거북이 이처럼 다시 뒤집는 방법을 스스로 배울 수 있도록 배려해줘야 한다. 만약 이때 바로 도움을 준다면, 앞으로 똑같은 상황이 발생했을 때 오랫동안 사육주의 손길을 기다리고 있을 수도 있다. 약 15분(히팅 램프 아래 있을 경우 2분) 동안 시도한 후에도 일어나지 못한다면 그때 도와주도록 한다. 손가락을 발 옆에 두면 더 잘 잡을 수 있다. 이렇게 하면 거북이 스스로 해냈다고 생각하게 만들며, 다시 뒤집어지는 상황이 발생했을 경우 계속해서 시도를 하게 될 것이다.

Chapter 03

지중해 육지거북 사육장의 조성

지중해 육지거북을 기르는 데 있어서 꼭 필요한 사육장과 바닥재 등 필수용품들에 대해 살펴보고, 사육장환경 조성에 필요한 기타 용품들에 대해서도 간략하게 알아본다.

사육장 조성에 필요한 용품

지중해 육지거북을 올바르게 사육하기 위해 선택하는 사육장의 형태는, 사육하려는 지중해 육지거북이 어떤 종인지에 따라 또 해당 종이 생애주기(life-cycle)의 어느 단계(life-stage)[1]에 도달해 있는지에 따라 복잡할 수도 있고 단순할 수도 있다.

지중해 육지거북에게 있어서 사육장은 집과 영역을 의미하며, 시간을 보내기에 행복한 곳 그리고 가장 안전하다고 느끼는 곳이어야 한다. 일반적으로 적당한 크기의 사육장이 제공될 때 행복하게 생활할 수 있으며, 처음 몇 년 동안은 작은 사육장에서 유지관리하다가 성장함에 따라 적절한 크기의 사육장을 제공해야 한다.

우선 헤르만육지거북(Herman's tortoise, *Testudo hennanni*), 터키육지거북(Turkish tortoise, *Testudo graeca ibera*)과 같이 강건한 종들은 여건이 허락한다면 울타리를 두른 정원 또는 친환경적으로 꾸민 큰 방사장에 자유롭게 풀어 기를 수 있다. 이집트육지거북(Egyptian tortoise, *Testudo kleinmanni*)이나 튀니지육지거북(Tunisian tortoise, *Testudo graeca*

---

1   라이프 사이클(life-cycle)을 단계적으로 구분한 것. 구분된 시기의 개체들에게 주어지는 서식환경이나 특성 등을 나타낸다.

터키육지거북(Turkish tortoise, *Testudo graeca ibera*)과 같은 강건한 종은 정원에 자유롭게 풀어 기를 수 있다.

nabeulensis)과 같은 소형종의 경우 오랜 기간 안정적으로 사육하기 위해서는 비바리움이나 육지거북 전용 사육테이블(tortoise table) [2]을 사용하는 것이 좋다. 이는 막 부화한 해츨링이나 다른 종의 어린 개체에게도 마찬가지로 적용될 수 있다.

그러나 이와 같은 선택을 반드시 고수해야만 하는 것은 아니며, 사육개체의 상황에 따라 융통성 있게 혼합해 적용할 수도 있다. 예를 들어, 상대적으로 섬세한 종의 경우 여름에 야외에 풀어 기르는 것이 도움이 될 수도 있고, 튼튼한 종일지라도 질병이 있는 성체는 비바리움에서 겨울을 나도록 관리하는 것이 좋을 수 있다.

사육장 설치 시 유의할 점

많은 육지거북 사육자들이 보통 한 마리만 기르며, 한 세대에서 다음 세대로 대를 이어 사육이 이뤄진다. 육지거북은 일반적으로 사회적인 동물이 아니며, 영역의식도 매우 강하기 때문에 단독사육을 하더라도 크게 문제가 되지 않는다. 그러나 육

---

2 보통 뚜껑 없이 위쪽이 열려 있는 상자 형태의 거북 전용 사육장을 말한다. 테이블 내부에 은신처와 일광욕영역, 이동로, 물그릇 등의 기본적인 용품이 갖춰져 있다. 욕조처럼 생긴 플라스틱 사육장은 텁(tub)으로 통용된다.

지거북을 사육하고 있는 사실이 주위에 알려지면서 여건이 허락되지 않는 거북 사육자들에게서 파양된 개체를 떠맡을 경우가 생길 수도 있을 것이고, 이런 식으로 의도치 않게 여러 종이 뒤섞인 상태로 사육을 이어갈 수 있다. 따라서 한 마리를 기르든 여러 마리를 기르든, 사육장의 유형을 살펴보기 전에 육지거북을 사육하는 데 있어서 권장되는 일반적인 사항에 대해 먼저 살펴보는 것이 좋겠다.

■**직사광선을 피한다** : 실내사육장은 직사광선이 비치지 않는 위치의 거실에 배치하는 것이 가장 이상적이다. 가족들이 하루 중 가장 많이 이용하는 거실에 둠으로써 지중해 육지거북이 사람을 자주 접하며 유대관계를 맺을 수 있도록 하는 것이 좋다. 거북과 사육장은 벽난로, 요리 시 발생하는 연기, 에어로졸, 화학 스프레이, 공기청정제 등 파충류가 있는 곳에서 사용하기에 안전하지 않은 향 및 제품으로부터 항상 멀리 떨어져 있어야 한다는 것을 명심하도록 한다.

■**종의 합사를 피한다** : 행동학적·수의학적 문제가 있기 때문에 합사되는 개체 모두를 위해 권장하지 않는다. 우선 터키육지거북(Turkish tortoise, *Testudo graeca ibera*)과 같은 몇몇 종의 경우 일반적으로 다른 종들에 비해 공격적인 성향을 보이며, 특히 수컷이 다른 수컷을 맹렬하게 공격한다. 또한, 정황상 터키육지거북은 콧물증후군 (Runny Nose Syndrome, RNS)[3]의 원인이 되는 매개체일 수도 있는 것으로 추정되기 때문에 주의를 요한다. 북아프리카지역에 서식하는 그리스육지거북의 대규모 개체군에서, 외관상으로는 건강해 보이는 터키육지거북을 도입한 이후 개체 수가 급감한 사례가 보고돼 있다는 점을 참고하자.

지중해 육지거북은 본능적으로 단독생활을 영위하며, 영역에 대한 의식이 매우 강하다.

3　국내에서는 흔히 감기로 진단하지만, 질병의 명칭이라기보다는 여러 가지 원인이 있을 수 있는 상부호흡기감염을 의미한다.

어린 개체의 경우 사육장이 충분히 크다면 처음 몇 년 동안은 무난하게 함께 지낼 수 있다.

호스필드육지거북(Horsfield's tortoise or Russian tortoise, *Testudo horsfieldii*)을 제외하고, 지중해 육지거북은 본능적으로 단독생활을 영위하며 영역에 대한 의식이 매우 강한 동물이다. 따라서 일반적으로 혼자 사는 것을 선호하며, 서로를 경쟁자로 간주하기 때문에 다른 개체군을 받아들이지 않는다. 어린 개체의 경우 사육장이 충분히 크다면 처음 몇 년 동안은 무난하게 함께 지낼 수 있겠지만, 일단 성호르몬이 분비되기 시작하면 동료와 같은 공간에 사는 것을 선호하지 않게 될 것이다.

두 마리가 함께 생활할 경우 서열이 높은 개체가 대부분의 먹이를 독차지하며, 다른 개체를 물어뜯고 공격해 자신의 영역에서 쫓아내기도 하고, 때로는 거꾸로 뒤집어버리기도 한다. 거북은 기본적으로 체온을 나누지 않으며, 특정 지역의 온도대를 좋아하기 때문에 함께 모이는 것뿐이다. 길을 잃은 개체는 결국 건강문제를 겪을 수 있고, 수컷은 억지로 함께 살게 되면 서로 다치게 하거나 죽일 수도 있다.

자연상태에서는 각각의 거북이 10,000㎡ 이상의 넓은 면적을 영역으로 유지하고, 다른 거북이 먹이를 가져가지 않도록 정기적으로 순찰한다. 실제 영토의 크기는 얼마나 많은 먹이를 구할 수 있는지에 따라 다르지만, 아무리 작은 영토라도 125㎡

정도 된다. 그들은 번식기에만 서로의 존재를 받아들일 수 있다. 추운 조건의 정원에서 관리될 경우 거북이 자신의 영토를 방어할 에너지가 부족하기 때문에 이러한 영역행동이 확실하게 나타나지 않을 수도 있다.

수컷의 경우 한 사육장에 한 마리만 사육한다.

■**한 사육장에 수컷은 한 마리만 사육한다**: 사육장이 크거나 정원과 같이 넓은 환경에서는 몸을 피할 수 있는 공간이 있고 수컷의 성향이 비슷할 경우 일종의 '휴전'을 할 수도 있지만, 이런 '행운'을 무작정 기대할 수는 없다. 암컷의 경우는 공격적인 성향이 심하지 않다면 일반적으로 여러 마리를 합사하는 것이 가능하다. 성별이 섞여 있는 그룹의 경우 수컷과 암컷의 비율이 최소 1:2는 돼야 하며, 암컷의 수가 이보다 많은 것도 괜찮다(여러 마리의 암컷을 합사함으로써 수컷의 관심을 각각의 암컷으로 분산시키기 위해서다). 단, 수컷을 암컷의 수보다 많이 합사해 사육해서는 절대 안 된다.

사육장

사육장을 선택하기 전에 일반적으로 염두에 둬야 할 지침에 대해 알아봤다. 다음은 지중해 육지거북을 사육하는 데 선택할 수 있는 사육장의 형태에 대해 알아보도록 하자. 지중해 육지거북을 위한 사육장의 형태는 크게 비바리움, 육지거북 테이블, 야외사육장(정원사육)으로 나눠볼 수 있겠다.

■**비바리움 사육장**: 비바리움은 외부와 분리된 실내사육공간이다. 비바리움에서 육지거북이나 다른 파충류를 사육할 때 가장 어려운 점은, 사육장이라는 한정된 공간 안에 태양이라는 존재를 어떻게 구현할지에 대한 고려와 고민이다. 태양은 육지거북에게 빛과 열 모두를 제공하는데, 이는 육지거북의 생태에서 살펴본 바와 같이 이 동물에게 있어서 꼭 필요하며 없어서는 안 될 요소라고 할 수 있다.

요즘은 다양한 재질과 스타일로 제작된 육지거북용 비바리움을 구할 수 있다.

일반적으로 파충류 사육자는 열원과 조명이 분리돼 있는 것이 관리 면에서 편리하다고 생각하고 있으며, 이는 시판되는 제품에도 고스란히 반영돼 있다. 이렇게 두 가지 핵심요소를 분리하면 필요에 따라 독립적으로 제어하는 것이 가능하다.

비바리움의 적절한 크기 비바리움의 크기를 선택할 때는 사용 가능한 공간과 예산에 따라 적절하게 결정하도록 하자. 기본적으로 헤르만육지거북, 이집트육지거북, 네게브육지거북(Negev tortoise, *Testudo werneri*; 나일강 동쪽 지역에서 발견되는 이집트육지거북), 호스필드육지거북의 경우 75X45cm(길이X너비) 크기의 사육장에서 처음 4~6년 동안 무난하게 사육할 수 있다. 이후 성체를 위한 사육장을 제공하면 되는데, 120X90cm 크기의 사육장에서 평생 동안 기를 수 있다(덩치가 매우 큰 헤르만육지거북의 경우는 제외).

그리스육지거북이나 마지네이트육지거북의 경우 105X60cm 크기의 사육장에서 처음 4~6년 동안 사육할 수 있으며, 성체의 경우는 최소한 180X90cm 크기의 사육장을 제공해야 한다. 그러나 이는 어디까지나 기본적으로 제공해야 하는 조건이며, 사육장의 크기가 크면 클수록 그만큼 사육개체의 행복지수도 높아진다.

자연에 가깝게 조성한 비바리움은 깨끗하게 유지하기가 상당히 어렵다는 단점을 가지고 있다.

좋은 비바리움의 조건 지중해 육지거북에게 사용하기에는 제대로 된 파충류 전용장이 가장 적당하다. 파충류 전용장은 목재, MDF 및 플라스틱을 포함한 여러 가지 소재들로 제작되는데, 기성품의 형태로 판매되거나 재단해서 사육자가 조립할 수 있는 형태로 판매된다. 사육자가 필요에 따라 직접 만들어 사용할 수도 있다.

좋은 비바리움이 갖춰야 할 주요한 특성은 다음과 같다. 첫째, 전면 오픈 형태로 잠금식 슬라이딩 도어가 설치돼 있어야 한다. 이런 형태의 비바리움은 사육주가 일상적인 유지관리를 손쉽게 할 수 있다. 둘째, 방수처리가 돼 있어야 한다. 비바리움 접합부를 실리콘으로 밀봉하지 않으면, 물그릇이 뒤집어지면서 흘린 물 또는 거북이 배설한 소변으로 인해 비바리움이 부패될 수 있다. 욕실용 실리콘은 유독성 곰팡이가 발생할 수 있기 때문에 수조 전용 실리콘으로 밀봉하는 것이 안전하다.

셋째, 환기가 잘 돼야 한다. 환기는 사육개체의 건강과 행복에 중대한 영향을 미치는 요소다. 보통 사육장 양쪽 끝에 철제나 플라스틱 격자망을 설치해 환기문제를 해결한다. 환기창은 설치높이에 차이를 주게 되는데, 이렇게 하면 더운 공기는 상승해 높은 곳에 위치한 환기구로 빠져나가고 낮은 곳에 있는 환기구로 신선한 공기가 유입된다. 소형 팬을 자동온도조절장치에 연결해 비바리움 내부의 온도가 지나치게 높아졌을 때 저절로 커지도록 설정하면 환기에 크게 도움이 될 수 있다.

비바리움의 단점 비바리움이나 공간이 협소한 사육장을 사용할 때 위생문제는 심각한 고민거리가 될 수 있다. 자연에 가깝게 조성한 비바리움은 깨끗하게 유지하기가 상당히 어렵다. 소변은 바닥재에 쉽게 스며들고, 분변을 발견하지 못하게 되는 경우도 생긴다. 사육장을 자연과 흡사하게 꾸미고 싶은 욕구는 누구에게나 있고 간혹 그렇게 조성하는 경우도 있지만, 거북은 매우 활동적인 동물이기 때문에 사육자가 애써 꾸민 레이아웃을 불도저로 밀어버린 것처럼 망쳐버릴 수도 있다. 레이아웃이 흐트러질 것을 우려해 사육장 내의 오염물질을 제거하는 것을 주저하는 일이 생기기도 하는데, 이때는 신문지를 바닥재로 깔아 기본적인 사육환경을 조성하는 것이 유지관리 면에서 더 유리할 수도 있다. 신문지는 저렴하고 쾌적한 환경을 제공해줄 수 있는 데다가 오염이 된 경우에는 손쉽게 교체할 수 있다.

육지거북용 테이블은 사육개체가 이용 가능한 공간의 면적이 비바리움에 비해 훨씬 더 넓다는 장점을 지니고 있다.

현재 비바리움은 다양한 소재와 스타일로 제작되는데, 가장 손쉽게 구할 수 있지만 바람직하지 않은 유형의 비바리움은 유리수조다. 일반적으로 유리수조는 크기가 작고 통풍이 원활하지 않기 때문에 임시적인 용도로만 사용하는 것이 좋다. 대부분의 파충류와 마찬가지로, 육지거북은 사육장 벽의 유리면을 막힌 곳으로 인식하는 데 어려움이 있으며, 앞으로 나아가기 위해 유리벽을 쿵쿵거리며 많은 시간을 보내기도 한다. 유리수조의 경우 보통 위쪽으로 열어야 하기 때문에 청소하기도 용이하지 않다는 단점이 있다.

■**육지거북용 테이블**(tortoise table) : 육지거북용 테이블은 실내에서 육지거북을 사육할 수 있는 획기

야외에 설치한 넓은 온실은 여름철에 지중해 육지거북을 기르기에 이상적인 사육장이다.

적인 형태의 사육장이다. 기본적인 구조는 거북이 타고 올라가지 못할 정도로 충분한 높이의 턱 또는 벽으로 둘러싸인 상자 형태로 제작돼 있다. 열원과 조명은 테이블의 상부에 매달아 설치한다. 육지거북 테이블의 장점은 사육개체가 이용 가능한 공간의 면적이 비바리움에 비해 훨씬 더 넓다는 것이다. 또 환기가 잘 되며, 사육자 입장에서는 사육개체와의 상호작용을 좀 더 쉽게 할 수 있다는 장점도 있다. 육지거북용 테이블을 사용할 때는 거북이 테이블 벽을 무너뜨리지 않도록 주의한다.

■**온실 및 기타 옥외건물** : 소재를 적절히 선택하기만 한다면 온실이나 컨서버토리(conservatory)[4]를 이용하면 자연광과 태양열을 공급받을 수 있는 공간적 이점이 있다. 널찍한 야외온실은 여름철 사육공간으로 이용하기에 이상적이다. 실외보다 온실 내부의 온도가 더 높기는 하지만, 이는 태양이 내리쬐는 수준에 따라 크게 달라진다. 온도변동의 편차를 줄이기 위해서는 가림막이 필요할 수도 있는데, 온도변화가 심할 경우 저절로 열리고 닫히는 자동통풍구를 설치해 사용할 수도 있다.

4　햇볕을 쬐거나 화초를 기를 목적으로 유리를 이용해 가옥에 붙여 지은 시스템 온실을 말하며, 우리나라에서 보통 선룸이라고 부르는 구조를 생각하면 된다. 특히 가온·가습 설비를 갖춰 특정 생물의 생육환경에 최적조건으로 조절 가능한 시스템이 설치된 것을 컨서버토리라고 칭하며, 가온·가습 설비시스템이 설치돼 있지 않은 것은 그냥 간단하게 유리온실이라고 부른다.

사육개체를 외부와 확실하게 격리하기 위해 온실의 기초를 벽돌이나 목재 등으로 견고하게 마감해야 한다. 유리는 UVB를 95%나 차단해 벽면과 지붕을 덮기에는 적합하지 않으므로 투과성이 더 높은 특수 아크릴이나 플렉시글라스(Plexiglass; Rohm&Hans Co.에서 생산되는 폴리메타크릴산 메틸 수지의 상품명)를 사용하는 것이 좋다.

자동온도조절기가 부착된 히팅 램프와 풀스펙트럼 램프는 필요에 따라 울타리에 매달아 설치함으로써 동절기 때 일광욕시간을 늘릴 수 있다. 바닥면 밑에 열선을 묻어 가온하는 방법도 있지만, 땅을 파는 종이나 산란 중인 개체가 있을 경우 위험할 수 있으므로 주의해야 한다. 창고 및 차고와 같은 다른 부속건물을 사육장으로 이용할 수도 있는데, 이와 같은 공간에서 육지거북용 테이블과 비바리움을 결합해 사용하면 사육개체의 관리 및 사육을 위한 이상적인 환경을 조성할 수 있다.

■**정원사육** : 헤르만육지거북과 터키육지거북, 마지네이트육지거북, 알제리육지거북(Algerian tortoise, *Testudo graeca whitei*)과 같이 튼튼한 종은 봄부터 늦가을까지 야외에 풀어 사육할 수 있다. 정원에 탈출방지를 위한 시설이 마련돼 있지 않은 경우 자유롭게 풀어 기르기 위해서는 큰 울타리를 설치해야 한다. 이렇게 울타리를 설치해놓으면 호스필드육지거북과 같은 소형종이나 다른 종에게 여름을 보내기 위한 공간으로도 유용하게 사용될 수 있다.

정원에 자유롭게 풀어 기를 경우 활동량이 많은 지중해 육지거북에게 넓은 공간과 운동기회를 제공해줄 수 있다는 장점이 있다.

정원사육의 장점 정원 등 야외에서 육지거북을 기를 때의 장점은 다음과 같다. 첫째, 공간적 여유가 있다. 지중해 육지거북의 많은 종이 매우 활동적이기 때문에 넓은 공간이 필요하다. 둘째, 자연방사의 이점이 있다. 풀과 식물이 심어진 정원에 육지거북을 풀어놓는 것이기 때문에 민들레와 같은 야생식물에 대한 접근성이 좋아 보다 자연스러운 식단을 쉽게 제공할 수 있게 된다. 셋째, 필터링되지 않은 햇빛에 일광욕을 할 수 있다. 파충류에게 햇빛이 얼마나 중요한지에 대해서는 이미 잘 알려져 있으며, 육지거북을 자연광에 노출시키는 것은 무조건 권장할 만한 일이다(일광욕을 시킬 때는 은신처가 반드시 제공돼야 한다). 넷째, 자연적 환경신호에 노출된다. 여기에는 동면을 유발하는 광주기와 계절적 변동 등이 포함된다.

터키육지거북 암컷이 정원에서 풀을 섭취하고 있는 모습

그러나 다음과 같은 몇 가지 단점도 존재한다. 첫째, 포식자들에게 노출된다. 들쥐, 너구리, 까치 그리고 반려견은 마당에서 자유롭게 활동하는 육지거북의 포식자가 될 수 있고, 적어도 심하게 상처를 입힐 수 있다. 둘째, 자연재해에 노출된다. 자연재해에는 정원 안의 연못(가능한 한 울타리가 설치돼 있어야 한다)과 잔디깎기를 비롯한 다양한 위험이 포함된다. 수선화와 디기탈리스(digitalis foxglove, *Digitalis sp*; 현삼과의 여러해살이풀) 같이, 정원에 심어져 있는 몇몇 종류의 식물은 독성을 가지고 있다. 셋째, 기생충감염의 위험이 있다. 정원에 풀어 기를 경우 회충의 알에 감염될 수 있는데, 이 경우 겨울이 지나 이듬해 봄에 육지거북에게 감염증을 일으킬 수 있다.

넷째, 변덕스러운 날씨에 노출된다. 영국 및 기타 북부 위도의 국가에서는 쾌청하던 여름 날씨가 갑자기 춥고 습한 날씨로 바뀌기도 한다. 이럴 때 야외에서 사육되는 거북은 갑자기 휴면에 들어간 것처럼 보이기도 하는데, 먹이활동이나 움직임을 멈추고 날씨가 좋아질 때까지 참을성 있게 기다리는 모습을 볼 수 있다. 헤르만육지거북 성체의 경우 이와 같은 기후조건이 금세 지나가는 불편함 정도일 수도 있지만, 이집트육지거북에게 이런 상황은 좀 더 심각한 영향을 미칠 수도 있다.

다섯째, 탈출의 위험이 있다. 육지거북은 놀랄 만큼 기민한 동물이며, 장애물을 매우 능숙하게 타고 기어오를 수 있다. 호스필드육지거북은 땅파기의 명수이기 때문에 울타리가 허술하게 설치돼 있는 경우 손쉽게 파헤치고 탈출할 수 있다. 일단 울타리를 넘어 밖으로 나가버리면 다시 찾을 가능성은 희박하다. 마지막으로, 도난

야외사육장에 얕은 터널을 설치하면 지중해 육지거북이 야간에 은신할 수 있는 장소로 이동할 수 있게 해준다.

의 위험이 있다. 지중해 육지거북은 수입금지와 함께 어린 개체나 성체를 막론하고 모두 높은 분양가를 형성하고 있기 때문에 도난의 가능성이 존재한다. 따라서 만약을 대비해 적절한 도난방지책(거북의 개체 등록을 포함해 일상적인 측정과 기록을 보관하는 등)을 마련해두는 것이 최선의 방법이라고 볼 수 있겠다.

태양광의 중요성 지중해 육지거북에게 사육장을 조성해줄 때나 원서식지인 지중해의 환경조건을 사육장에 조금이라도 시뮬레이션해주고자 할 경우에는 무엇보다 태양광에 대해 깊은 관심을 기울여야 한다. 태양광은 쉽게 대체하거나 변경할 수 없는 유일한 환경적 요소이기 때문이다. 이러한 부분을 고려했을 때 정원은 맑은 날 햇볕이 공간 전체에 내리쬐거나 적어도 일부 영역에라도 내리쬐도록 남향에 위치하고 있어야 한다. 정원이 남향에 위치해 있으면 지중해 육지거북이 효과적으로 체온을 조절할 수 있는 조건을 제공하며, 주어진 낮 시간에 일광욕을 할 수 있는 최적의 장소를 학습할 수 있도록 해준다. 여기에 남쪽으로 향한 경사면을 조성해주면 사육개체가 이와 같은 행동을 자연스럽게 나타내는 데 더욱 도움이 될 수 있다.

울타리의 설치 지중해 육지거북을 정원에서 사육할 경우에는 울타리를 설치해 거북을 화단(혹은 비싼 식물)에서 떼어놓거나, 화단에 낮은 담 또는 틀밭(raised bed; 식물을 기르기 위한 목적으로 목재와 시멘트 블록으로 만들어 흙을 채운 상자 형태의 틀을 이름)을 설치해 거북이 화단에 접근하지 못하도록 격리시키는 것이 중요하다. 일반적으로 닭장에 많이 사용되는 육각형 철조망 또는 이와 비슷한 것으로 만든 울타리는 육지거북이 올라타거나 아래쪽을 억지로 밀고 들어갈 수 있다. 이런 형태의 울타리는 거북이 철조망 너머를 볼 수 있어 오히려 장애물을 넘어가려는 욕구를 자극하기 때문이다.

울타리의 벽체는 벽돌이나 돌, 철도침목 혹은 간단한 나무합판에 이르기까지 다양한 소재로 만들 수 있다. 사용되는 소재가 어떤 것이든 거북이 밖을 볼 수 없어야 하고 바닥으로부터 적어도 45cm 높이는 돼야 하며, 안쪽으로 약간 기울어져 있는 것이 효과적이다. 벽 쪽의 바닥을 파헤칠 경우를 대비해 벽체는 지면에서 약 30cm 아래까지 묻어준다. 모서리는 기어올라 탈출하지 못하도록 덮여 있어야 한다.

정원으로 통하는 문에는 손쉽게 들어낼 수 있는 가로받침목을 설치해 필요에 따라 사용하거나 다른 곳에 치워둠으로써 거북들로부터 보호할 수 있다. 별도로 울타리를 설치할 경우 흙을 덮기에 앞서 바닥에 골재층을 만들면, 거북이 땅을 파고 탈출하는 것을 방지할 수 있을 뿐만 아니라 배수개선에도 도움이 된다. 이동식 프레임에 그물이 덮여 있는 울타리는 까치와 같은 포식자로부터 거북을 보호해준다.

지중해 육지거북 사육장을 관리하는 데 있어서 기본지침에는 기생충감염의 위험을 줄이기 위해 배설물이 보이는 즉시 바로 제거하는 것도 포함돼 있다. 거북의 배설물은 좋은 퇴비가 되므로 제거한 배설물을 적절하게 활용해보는 것도 좋겠다. 또한, 거북이 먹고 남은 먹이는 생쥐 및 다른 설치류를 불러들일 수 있으므로 매일 치워줘야 하며, 유독성 식물은 안전을 위해 제거해야 한다.

바닥재

사육개체가 원활하게 움직일 수 있도록 흩뜨리기 쉬운 바닥재를 선택한다. 호스필드육지거북과 같은 종은 자갈 및 돌과 같은 바닥재가 깔려 있어 지속적으로 배수가 되는 건조한 곳을 선호한다. 이집트육지거북은 모래(고운 입자를 가진 놀이용 흰 모래

완벽한 바닥재는 없으므로 각각의 장단점을 조사해 특정 서식지 유형에 대해 가장 적합한 바닥재를 찾도록 하자.

^{사용})에서 사육하는 것이 좋고, 헤르만육지거북이나 그리스육지거북은 풀을 뜯을 수 있는 넓은 풀밭이 있으면 좋다. 양지 바른 곳에 놓인 평평하고 널찍한 돌은 빠른 속도로 데워지면서 지중해 육지거북이 체온을 조절하는 데 도움을 줄 수 있다.

야생에서 많은 육지거북은 휴식을 취하거나 밤을 보내기 위해 오래된 설치류 굴을 찾는다. 일 년 중 어쩌다 바뀌는 경우도 없지 않지만, 매일 규칙적으로 같은 장소로 돌아와 밤을 보낸다. 사육환경에서는 대강 파인 구멍이나 심지어 기니피그 혹은 토끼를 위해 조성된 은신처마저도 유용하게 사용된다(정원에 풀어기르는 경우). 사육 중인 개체에게 최고의 은신처를 제공해주고 싶다면 울타리에서 바로 접근이 가능한 공간을 마련하고, 흐린 날에는 히터와 풀스펙트럼 램프를 가동해줄 수 있다.

적합한 바닥재로는 알팔파 펠릿 또는 잔디 건초 펠릿, 큰 바크 칩, 대마, 신문지, 잘게 썬 종이, 파충류 카펫, 피트 또는 토양혼합물(살균된 표토)을 들 수 있다. 완벽한 바닥재는 없으므로 각각의 장단점을 조사해 특정 서식지 유형에 대해 가장 적합한 바닥재를 찾도록 하자. 섭취 및 장폐색의 위험이 있으므로 일반 모래나 고양이화장실용 모래, 부서진 옥수수껍질 또는 호두껍데기는 피하는 것이 바람직하다.

가장 단순한 형태의 열원장치. 이와 같은 열원장치는 스포트라이트나 텅스텐 전구를 사용해 열을 제공할 수 있다.

열원

사육개체에게 열을 제공하는 가장 손쉬운 방법은 스포트라이트(spotlight)나 텅스텐(tungsten) 전구를 이용하는 것이다. 이러한 열원은 태양처럼 복사열을 제공해 거북이 그 아래에서 일광욕을 하도록 유도한다. 참고로 스폿 램프(spot lamp) 아래 일광욕을 하는 장소의 온도는 대략 35℃선을 유지해야 하고, 주위의 온도는 20~25℃선이 적당하다. 야간에는 주간보다 온도를 15℃ 정도까지 낮춰주는 것이 좋다. 열원은 사육장의 한쪽 끝으로 치우치게 설치해 사육장 내에 온도편차를 형성함으로써 사육개체가 선호하는 온도대를 찾아 스스로 이동할 수 있도록 해주는 것이 좋다.

히팅 램프는 자동온도조절장치를 연결해 과열되지 않도록 해야 하고, 24시간 내내 켜두는 것이 아니기 때문에 타이머에도 연결해야 한다. 그렇지 않으면 온도에 반응해 지속적으로 켜졌다 꺼졌다를 반복한다. 잦은 온도변화나 광주기의 혼란 등과 같은 문제에 신경 쓰고 싶지 않다면 세라믹 전구를 추천한다. 세라믹 전구는 조명체계와는 상관없이 밤낮으로 복사열을 제공할 수 있다. 또 빨간색 등은 붉은 빛과 함께 열을 발산하는데, 이 빛은 밤에 거북의 수면을 방해하지 않는다. UVA 스펙트

호스필드육지거북(Horsfield's or Russian tortoise, *Testudo horsfieldii*)이 히팅 램프 아래서 일광욕을 하고 있는 모습

럼에서 빛을 방출하는 파란색을 띤 전구도 시판되고 있으므로 참고하도록 하자. 히팅 매트도 쉽게 구입해 사용할 수 있는 유용한 열원이다. 히팅 매트는 부분적으로 따뜻한 구역을 조성하기 위해 비바리움의 바닥면이나 옆면에 설치한다. 사육장 전체를 데우기는 어렵기 때문에 보조열원 정도로만 사용하는 것이 바람직하다. 히팅 매트를 사용하면 바크(bark)[5]나 그와 비슷한 소재의 바닥재 아래 구역에 갓 태어난 해츨링들이 좋아할 만한 따뜻한 미소기후지대를 형성할 수 있다.

조명

풀스펙트럼 형광램프(full spectrum fluorescent tubing)[6]를 이용해 빛을 제공할 수 있다. UV빛은 유리를 투과하지 못하기 때문에 실내에 비치는 직사광선은 육지거북

---

5 나무껍질 소재의 바닥재. 부드럽고 오염물을 어느 정도 흡수하며 온도나 습도를 유지하는 데 유리하지만, 분진이 생길 수 있고 간혹 거북이 삼켜서 문제가 되는 경우가 있다. 원예용 바크는 소나무껍질이 포함돼 있거나 화학처리가 돼 있는 경우가 많으므로 사용하지 않는 것이 좋다.   6 형광램프는 유리관과 텅스텐의 전극으로 이뤄져 있는데, 유리관에는 아르곤 가스와 수은이 채워져 있고 내부 면에는 형광물질이 도포돼 있다. 아르곤 가스에 전기를 흘려보내면 수은이 짧은 파장을 발생시켜 자외선을 방출한다. 이 자외선이 관 표면의 형광물질 포스포(Phospor)를 통과하며, 가시광선의 파장으로 바뀌면서 눈으로 볼 수 있는 빛이 된다.

에게 그다지 유용하지 않다. 파충류에게 사용할 수 있는 형광램프는 UVB와 UVA를 포함해 가시광선을 방출한다. 조명을 사용할 때는 사육개체가 조명에 직접 접촉해 화상을 입는 일이 생기지 않도록 항상 관리에 주의를 기울여야 한다.

빛의 강도는 광원으로부터의 거리에 반비례하기 때문에 거북과 형광램프 사이의 거리를 두 배로 늘리면 빛의 강도는 반으로 줄어들게 된다. 이는 풀스펙트럼 램프를 멀리 설치할수록 거북에게는 더 도움이 되지 않는다는 의미이기 때문에 아주 중요한 부분이다. 이상적인 설치높이는 보통 제조업체에서 안내를 하지만, 의심스러운 경우 거북의 등갑 위 30~45cm 정도 높이에 설치하는 것이 바람직하다.

조명은 사육장의 전체길이만큼 길게 연장해 설치하는 것이 이상적이지만, 여의치 않은 경우에는 거북이 일광욕을 할 때 유익한 빛에 노출될 수 있도록 스폿 램프 근처에 설치하도록 한다. 지중해의 조건을 모방하기 위해서는 빛의 세기가 중요하므로 최소한 2개의 램프를 사용할 것을 추천한다. 타이머에 조명을 연결해서 거북이 밤낮으로 규칙적인 패턴을 가질 수 있도록 시뮬레이션하며(낮 14시간, 밤 10시간 추천), 필요에 따라 번식이나 동면준비에 도움이 되도록 적절하게 조정할 수 있다.

조명을 선택할 때도 주의가 필요하다. 태양빛을 대체한다고 광고하는 많은 조명들이 실제로는 우리의 눈을 속이기 위해 랜더링(colour rendering, 演色性)[7]된 색인 경우가 많고, 사육개체가 필요로 하는 정확한 스펙트럼을 제공하지 않는 경우도 있기 때문에 항상 파충류 전용으로 제작된 제품을 구입해야 한다. 자외선은 유리를 투과하지 못하기 때문에 파충류 전용 UV램프는 석영으로 만들어지며, 일반 형광램프보다 조금 더 비싸다. 가격은 구입을 위한 대략적인 기준이 될 수 있겠다.

아쉽게도 UV램프의 출력은 시간이 지남에 따라 점점 감소하기 때문에 8개월에서 12개월마다 교체해줘야 한다. 사용기간이 지났음에도 불구하고 UV램프를 교체하지 않으면, 실내에서 사육되는 육지거북에게 발생하는 대사성 골질환의 일반적인 원인이 되기도 하므로 적절한 시기에 교체하도록 하자. 지난 몇 년 사이 정확한 스펙트럼과 열을 방출하는 조명을 입수해 효과적으로 사용할 수 있게 됐다. 두 가지

---

7 조명이 물체의 색감에 영향을 미치는 현상으로 연색성이라고 한다. 빛으로 물체를 조사(照射)해서 볼 때 광원의 분광에너지 조성을 변화시켜 해당 광원의 빛에 눈을 순응시킴으로써 실제 색깔과 다른 색으로 느끼게 되는 현상을 이른다.

마지네이트육지거북(Marginated tortoise, *Testudo marginata*)이 쓰러진 나무구멍에서 은신하고 있는 모습

를 결합해 사용하면 지중해의 환경을 좀 더 유사하게 시뮬레이션해줄 수 있지만, 두 기능을 분리시킴으로써 누릴 수 있는 몇 가지 장점은 기대할 수 없게 된다.

은신처

지중해 육지거북이 몸을 숨길 수 있도록 은신처를 마련해줘야 한다. 은신처를 제공하는 가장 간단한 방법은 아치형 코르크바크 조각을 활용하는 것이며, 거북이 밑으로 기어들어갔을 때 등 위쪽에 공간이 남을 정도로 충분히 큰 것이 좋다. 일광욕램프가 켜져 있을 때 따뜻하게 가온될 수 있도록 램프 근처에 배치하는 것이 좋지만, 램프 바로 밑은 피해야 한다. 거북이 은신처 위로 쉽게 기어올라갈 수 없도록 주의해서 관리해야 하는데, 만약 일광욕을 위해 오르려다 램프 아래로 거꾸로 떨어져 일어나지 못하는 경우 거북이 과열되는 불상사가 발생할 수 있다.

먹이그릇과 물그릇

사육주 입장에서 자신의 사육개체가 물을 먹는 모습을 직접 확인하지 못한다 하더라도 거의 매일 물을 마시므로 물그릇은 선택사항이 아닌 필수품이라고 할 수 있겠다. 물그릇은 거북이 그 안에서 수영할 수 없고 물의 깊이가 거북의 겨드랑이보다 더 깊지 않아야 되므로 아주 얇은 용기를 사용하는 것이 좋다. 이상적으로는 거북이 설 수 있을 정도로 충분히 커야 하지만(물을 잘 보지 못하고 실수로 빠지지 않는 한, 물을 섭취할 수 있다), 사육장의 습도를 증가시킬 수 있을 정도로 부피가 커서는 안 된다. 세라믹 화분받침대와 같이 얇고 튼튼한 물그릇을 넣어주면 몸을 담그거나 물을 마시기에 아주 유용하다.

먹이그릇은 급여하는 먹이의 양에 비해 약간 더 작은 것을 준비하는 것이 좋다. 이렇게 작은 그릇에 담아 급여하면 그릇 위에 수북하게 쌓임으로써 거북이 사육장을 가로

먹이그릇은 급여하는 먹이의 양에 비해 약간 더 작은 것을 제공해 거북이 먹이를 눈으로 쉽게 확인할 수 있도록 해주는 것이 좋다.

질러 먹이를 볼 수 있다(자연에서 잡초가 땅의 구멍이 아니라 위에서 자라는 것을 생각하자). 또한, 거북이 먹이를 먹기 위해 타고 오르지 않아도 될 정도로 높이가 낮아야 한다. 많은 사육주들이 일반적인 먹이그릇 대신 슬레이트 조각을 사용하는 것을 선호하는데, 이는 성체 거북의 경우 부리를 마모시키고 성장을 막는 부작용이 있기 때문에 주의를 요한다. 먹이그릇과 물그릇은 사육장의 서늘한 쪽 바닥에 배치하도록 한다.

장식물

거북의 활동을 자극하고 사육장 벽을 따라 시야를 가릴 수 있는 케이지 퍼니처를 제공하면 좋다. 장식물을 추가하면 거북이 탐험하고 운동도 할 수 있으며, 코르크바크와 같이 거북이 올라갈 수 있는 것으로 만들어진 장식물이 이상적이다. 장식물은 파충류에게 안전해야 하며, 소나무로 만들어진 것은 피해야 한다. 장난감 공은 절대로 제공해서는 안 되는데, 거북이 가지고 노는 것처럼 보일지 모르지만 실제로는 다른 거북으로 생각해 자신의 영역에서 쫓아내려 하는 방어행동이다.

살아 있는 식물을 식재할 경우 거북이 먹어도 안전한 종류를 선택해야 한다.

해츨링의 경우 한 가지 장식물로 간단하게 꾸민 레이아웃이 가장 좋다. 자신의 길을 빠르게 배우고, 모든 것이 자신의 것이며 안전하다는 점을 인지하게 된다. 첫 번째 사육장으로 처음 이동한 후에는 불안감을 느낄 수 있으므로 한꺼번에 너무 많은 변화를 시도하지 않는 것이 좋다. 새로운 환경에 익숙해지도록 며칠 또는 몇 주 간격을 두고 장식물을 하나씩 천천히 추가하는 것이 바람직하다.

살아 있는 식물
살아 있는 식물의 식재는 그다지 권장되지 않지만(거북이 식물을 파헤친다), 만약 식재할 경우 거북이 먹어도 안전한 것이어야 한다. 플라스틱으로 만들어진 인조식물은 사용해서는 절대 안 된다. 거북이 인조식물을 먹으려고 자주 덤빌 것이고, 삼키면 해로울 수 있다. 또한, 가짜먹이로써 거북을 괴롭히게 될 수도 있기 때문이다.
식물을 식재할 때는 사육자가 원하는 것을 선택하면 된다. 현재 인기 있는 실내용 식물은 대부분 원산지가 지중해이기 때문에 햇빛이 잘 들고 배수가 원활한 곳에서 무럭무럭 자란다. 라벤더, 타임(thyme), 로즈마리와 같은 식물들이 특히 적합하다. 민들레, 엉겅퀴, 질경이와 클로버 같이 자연적으로 자라는 식물들을 육성하는 것도 중요하다. 이런 '잡초'들을 많이 먹을수록 거북의 식단은 더 자연에 가까워지게 된다. 독성이 있거나 유해하다고 알려져 있는 식물은 피하는 것이 좋다.

Chapter 04

지중해 육지거북의 일반적인 관리

지중해 육지거북을 기르는 데 있어서 기본적으로 관리해야 할 사항인 사육장 및 사육
환경조성 등에 대해 자세하게 살펴보고, 먹이의 종류와 급여방법 등에 대해 알아본다.

01
section

사육장 및
사육환경 관리

───────

지중해 육지거북을 사육하기 위해 기본적으로 필요한 필수용품들에 대해 알아봤다. 사육장을 비롯한 모든 용품은 지중해 육지거북을 입양하기 전에 미리 준비해 적절하게 세팅해두는 것이 좋다. 이번 섹션에서는 온도 관리, 습도 관리, 조명 관리, 청소 관리 등 지중해 육지거북을 본격적으로 사육하면서 매일 신경 써야 할 환경적인 부분들에 대해 자세하게 소개하도록 한다.

온도 관리

지중해 육지거북에 있어서 최적의 온도범위는 종별로 다르며, 사막지역 출신의 경우 더 따뜻하고 건조한 환경에서 잘 지낸다. 일반적으로 테스투도속(Testudo) 종의 경우 주간에는 26~30℃를 유지하며, 일광욕장소의 온도는 30~33℃를 유지해야 한다. 야간에는 18℃ 이하로 내려가서는 안 된다. 모든 종의 사육장에는 온도조절장치를 설치해 사용하는 것이 좋다. 일광욕램프를 설치한 경우 낮 시간에는 사육장의 한쪽 끝을 30~35℃ 이상으로 가온하고, 다른 쪽 끝은 대략 실온을 유지한다(큰 사

일반적으로 테스투도속(*Testudo*) 종의 경우 주간에는 26~30℃, 일광욕장소의 온도는 30~33℃를 유지해야 한다.

육장의 경우 한쪽 영역만 가온하면 된다). 이렇게 하면 열경사가 생겨 거북이 필요할 때 원하는 온도대를 스스로 선택해 몸을 데우고 식힐 수 있다. 전구는 사육장의 앞쪽과 뒤쪽 사이 절반 정도의 위치에서 거북 위쪽에 매달려 있도록 장착해야 한다. 밤에는 온도를 낮게 유지해도 되는데, 일반적인 가정의 경우 충분히 따뜻해야 한다.

호스필드육지거북과 몇몇 종의 경우 동면을 피하기 위해 겨울철 밤에 추가열원이 필요할 수 있으며, 이는 사육장 핫존 끝의 천장이나 벽에 저전력 히팅 매트를 부착해 해결할 수 있다. 자연에서 열은 태양으로부터 얻으며, 거북은 아래쪽에 있는 열원을 사용하는 것에 적응되지 않았다. 따라서 히팅 매트가 몸 아래 위치해 있으면 화상을 입을 수 있으므로 설치에 주의해야 한다. 하비스타트(Habistat), 프로렙(ProRep), 럭키 렙타일(Lucky Reptile) 4W, 7W, 11W 히팅 매트를 사용할 수 있다.

또는 주간용 일광욕램프 옆에 저출력의 적색 일광욕램프를 설치해 야간에 사용할 수 있다. 세라믹 히터와 같이 사육장을 가온하는 다른 방법들이 있지만, 거북이 몸을 데우고 싶을 때는 빛에 이끌리기 때문에 UVA(UVB 아닌)를 발산하는 일광욕램프를 설치하는 것이 거북의 전반적인 삶의 질을 향상시키는 최선의 선택이다.

대부분의 히터와 마찬가지로, 일광욕램프와 히팅 매트는 공기를 가열하는 것이 아니라 복사열을 발산한다는 점에 유의하도록 하자. 복사열을 충분히 흡수할 수 있을 정도로 오랫동안(수 시간) 히터 근처에 놓였을 때 물체(또는 사육개체)에 도달하는 온도가 중요하다. 온도계는 일반적으로 공기의 온도를 측정하므로 잘못된 측정값을 제공한다. 적외선온도계를 사용하면 공기온도가 아닌 바닥재, 장식물 및 사육개체의 온도를 측정할 수 있다. 젖은 바닥재는 건조했을 때에 비해 차갑게 나타나므로 온도측정 시 건조한 표면을 체크하도록 한다.

습도 관리

종에 따른 환경적 상대습도 수준을 제공한다. 그리스육지거북과 헤르만육지거북은 40~60%의 습도를 필요로 하며, 호스필드육지거북은 30~50%의 습도를 요한다. 골든그리스육지거북(Golden Greek tortoise)과 이집트육지거북(Egyptian tortoise) 같은 사막출신 종은 좀 더 건조한 환경을 필요로 하며, 이러한 종들의 경우 지속적으로 높은 습도가 제공되면 상부호흡기감염을 유발할 수 있다. 주버나일 개체의 경우 껍데기의 이상성장을 방지하기 위해 더 높은 수준의 상대습도가 필요할 수 있다.

습도가 높은 지하 굴을 모방한 습도상자도 제공하면 좋다. 플라스틱 상자 입구에 구멍을 내고, 젖은 종이타월이나 이끼를 깔아주면 된다. 물그릇에 물을 가득 채워 넣어주고, 격일 또는 필요에 따라 거북과 사육장에 분무를 해 습도를 높여주도록 하자. 적절한 습도를 유지하기 위해 습도계를 설치해 측정한다.

조명 관리

지중해 육지거북에게 빛을 제공하는 가장 좋은 방법은 자연광에 노출시키는 것이다. 적절한 식이비타민D3 또는 D2가 제공될 때 실내에서 기르는 육지거북에게 풀스펙트럼 램프가 필요한지 여부는 확실하지 않지만, 풀스펙트럼 UVB램프는 실내에서 기르고 있는 지중해 육지거북의 활동성과 행동양식을 향상시키므로 적극 권장된다. 실내환경에서는 UVB 스펙트럼 램프를 최소 10~12시간 동안 가동시켜야 하며, UVB 조명의 위치는 거북과의 거리가 30~46cm 이내가 되도록 유지한다.

지중해 육지거북에게 빛을 제공하는 가장 좋은 방법은 자연광에 노출시키는 것이다.

전구는 6~12개월마다 정기적으로 교체해야 한다. 일광욕램프는 열을 아래쪽으로 투사하고 거북에 적합한 양을 조사하도록 설계된 특수 스폿 램프다. 사육장 바닥을 향하도록 아래쪽으로 매달려 있으며, 전용 전구를 구입하는 것이 가장 좋다. 길이가 75cm 되는 사육장의 경우 일반적으로 60W 램프로 충분하지만, 매우 더운 날에는 40W 전구를 사용할 수 있다. 105cm 길이의 사육장의 경우 일반적으로 100W 램프로 충분하지만, 매우 더운 날에는 60W 전구를 사용할 수 있다.

거북은 비타민D3를 필요로 하며, 비타민D3는 UVB 빛으로부터 자연적으로 얻을 수 있다. 지중해 육지거북은 높은 수준의 비타민D3를 요구하므로 UVB조명이 필요하다. 필수장비인 UVB조명 없이 유지관리되는 육지거북에서는 뼈와 껍데기 문제가 흔하게 발생된다. 이러한 환경 하에서 몇 달 동안 문제가 발견되지 않을 경우 일반적으로 거북이 갑자기 악화돼 폐사하거나 영구적인 장애를 갖게 된다.

UVB램프는 잘 작동하는 것처럼 보일지라도 브랜드에 따라 6개월, 9개월 또는 12개월마다 교체해야 한다(사람의 눈은 UV출력이 떨어져도 이를 확인할 수 없다). 잊어버리지 않도록 유성마커로 전구에 날짜를 기록하면 관리에 도움이 될 것이다.

대부분의 육지거북에 있어서 제공되는 UVB 강도는 숲에 서식하는 파충류에 적절한 강도여야 한다. 야생에서 태양이 가장 강할 때 자연스럽게 은신해 있기 때문이다. 보통 중간 강도의 UVB 전구가 가장 좋으며, 5% 또는 6%로 표시된다. 이집트 육지거북(Egyptian tortoise, T. kleinmanni; 나일강 서쪽 지역에서 발견)과 네게브육지거북(Negev tortoise, T. werneri; 나일강 동쪽 지역에서 발견)의 경우 사막에 서식하는 파충류에게 적합한 강도의 UVB를 제공해야 한다. 고강도 UVB 전구가 가장 좋으며, 10% 또는 12%로 표시된다. 아르카디아(Arcadia) 및 주메드 라이트(Zoo Med light)가 권장된다.

콤팩트 형광등은 유용한 양의 UVB를 전구에서 약 20cm 떨어진 거리까지만 투사하는데, 실제 이 거리에서 육지거북이 충분한 시간을 보내도록 유도하는 것이 어려울 수 있다(만약 사용하는 경우 일광욕램프 바로 옆에 배치해야 한다). 반면, 스트립 조명(Strip lights)은 콤팩트 형광등에 비해 사육장의 넓은 영역에 걸쳐 유용한 양의 UVB를 훨씬 많이 투사할 수 있으므로 상대적으로 나은 선택이다. T8 전구는 바닥에서 약 30~38cm 위치에 장착하며, 일반적으로 후면 벽이나 천장에 부착한다(선택적 반사판 사용). 전구길이의 전체 또는 절반 정도가 핫존의 끝부분에 오도록 장착해서 거북이 열과 UV를 동시에 쬘 수 있도록 한다(자연에서와 같이 태양에서 나오는 것). 어느 쪽이든 거북은 필요에 따라 은신처에 숨을 때처럼 언제든 몸을 피할 수 있어야 한다. 거북의 눈에 손상을 줄 수 있으므로 빛을 수평으로 볼 수 있을 정도로 높이 올라갈 수 없어야 한다.

조명의 조사 패턴은 태양과 일치해야 하며, 아침에 켜고 저녁에 꺼야 한다. 오전 8시부터 오후 8시까지가 이에 해당되며, 앞서도 언급했듯이 14시간의 낮과 10시간의 밤을 제공하는 것을 추천한다. 거북이 자연적인 햇빛주기를 경험할 수 있도록 밤에는 두 개의 조명을 꺼야 한다(한 개를 사용

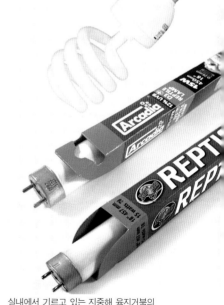

실내에서 기르고 있는 지중해 육지거북의 경우 풀스펙트럼 UVB램프는 활동성과 행동 양식을 향상시키므로 적극 권장된다.

하는 경우 밤에 빨간색 일광욕램프를 켜야 한다). 실내에서 기르는 경우 거북이 충분한 UVB 를 쬘 수 있도록 하기 위해 하루에 몇 시간 정도는 꼭 사육장 안에서 지내게끔 배려 해야 한다(이동 중이거나 램프가 고장난 경우에는 며칠 동안 다른 곳에 둬도 별 영향은 없다).

청소 관리

비바리움을 매일 점검해 배설물과 먹고 남은 먹이를 제거해야 한다. 물그릇과 먹 이그릇은 매일 씻어서 말리고, 깨끗한 물을 채워둔다. 이때 바닥재가 부풀어 오르 고 곰팡이가 생길 수 있으므로 비바리움 내에 물을 흘리지 않도록 주의한다.

일주일에 한 번, 파충류에 안전한 소독제를 이용해 사육장 전체를 청소하고 소독 해야 한다. 이때 일반 소독제는 위험한 독소가 포함돼 있을 가능성이 있으므로 주 의해야 하며, 적합한 소독제에 대해 수의사의 조언을 얻어 사용하자. 파충류를 취 급한 후에는 살모넬라감염을 막기 위해 항상 손을 철저히 씻는 것이 중요하며, 오 염된 바닥재는 폐기하고 새것으로 교체한다. 비바리움 내의 악취를 제거하기 위해 탈취제를 사용할 수 있으며, 구입처에서 조언을 구해 주의 깊게 사용한다.

적어도 일주일에 한 번, 사육개체의 겨드랑이 정도 되는 깊이의 미지근한 물에 15 분 동안 온욕을 시키는 것이 좋겠다. 사용하지 않는 오래된 그릇을 이용하면 간편 하게 목욕을 시킬 수 있다. 거북이 물을 더럽히면 깨끗한 물로 교체해준다. 거북은 보통 입보다는 코를 통해 물을 마시는데, 익사로 오인될 수 있으므로 주의하자. 목 욕 시 손가락이나 부드러운 칫솔로 껍데기의 흙을 조심스럽게 털어낸다. 이때 피 부를 문지르지 않도록 주의하고, 오일이나 화학약품은 사용하지 않도록 한다.

거북의 배설물은 일반적으로 검은색 또는 흰색 덩어리 형태로 배출된다. 매일 배 설물을 확인하고, 티슈를 이용해 배설물 및 물에 젖은 바닥재를 제거한다. 거북은 장내 박테리아를 얻기 위해 동료 또는 자신의 대변을 의도적으로 섭취할 수 있다 는 점을 참고하자. 6~8주에 한 번 또는 바닥재가 심하게 분해되거나 더러워지거나 냄새가 나기 시작할 때마다 파충류에게 안전한 소독제로 사육장과 장식물을 청소 하고 바닥재를 교체한다. 토양 기반 바닥재는 교체주기가 상대적으로 짧기 때문에 냄새가 훨씬 심해질 수 있으므로 이 점을 염두에 두고 관리하도록 하자.

지중해 육지거북 종별 사육환경		
	사육장 유형과 크기	**동면/하면**
이집트 육지거북	실외사육장은 훌륭한 옵션이지만, 습도가 낮은 기후지역에서 따뜻한 계절에만 이용 가능하다. 이집트육지거북은 넓은 공간을 필요로 한다. 번식을 위한 암수 쌍의 경우 최소 0.7㎡를 제공해야 하며, 한 마리 추가될 때마다 최소 0.2~0.4㎡를 추가로 제공해야 한다. 사육장 외벽은 불투명하고 높이가 20cm 이상 돼야 한다. 굴을 파는 자연스러운 습성을 만족시킬 수 있도록 최소한 5~8cm 두께의 바닥재를 깔아주도록 한다. 굴을 파는 행위는 가장 취약한 부분인 복갑을 안전하게 묻을 수 있는 활동이다. 하루가 끝날 때 몸을 파묻는다.	동면을 하지 않지만, 32.2℃ 이상의 온도에 노출되면 활동이 감소하고 자연서식지조건에서 하면을 한다. 실제로 이집트육지거북은 여름 더위에 휴식을 취하고 겨울에 더 활동적인 유일한 온대 육지거북이다. 건기를 시뮬레이션하고 하면을 자극하는 데 도움이 되도록 5월부터 9월까지 일광욕영역은 35℃로 일정하게 유지해야 한다. 사육환경에서 안전한 하면을 위한 조건을 재현하는 것은 어렵기 때문에 일부 파충류학자는 일년 내내 정상적인 활동을 허용하는 적당한 온도에서 관리할 것을 추천한다.
호스필드 육지거북	온도가 허용되는 경우 실외사육장이 가장 좋다. 호스필드육지거북은 특히 땅을 파는 것을 좋아한다. 울타리 아래를 파고들기 때문에 탈출을 방지하기 위해 울타리를 깊게 매립해야 하며, 기온이 4℃ 이하로 떨어지면 실내에서 관리해야 한다. 루머메이드(Rubbermaid) 같은 컨테이너는 청소가 쉽고 저렴하다. 거북 한 마리당 최소한 189L 크기의 제품을 사용하지만, 최소 1.2x0.6x30~36(m) 높이의 사육장을 추천한다. 영역에 매우 민감하기 때문에 일반적으로 다른 종의 육지거북과 잘 어울리지 않으며, 같은 종의 개체와도 합사하지 않는다.	야외에 풀어 기르는 경우 매우 더운 여름과 추운 겨울에 적응해야 하기 때문에 한 번에 6개월 이상 동면할 수 있다. 사육환경에서 건강한 성체의 경우 권장되는 동면기간은 최대 3개월이다. 동면에 적절한 표준적정온도는 5~10℃다. 사육환경에서 안전한 하면을 위한 조건을 재현하는 것은 어렵기 때문에 일 년 내내 정상적인 활동을 허용하는 적당한 온도에서 관리하는 것이 좋다.
헤르만 육지거북	가능하다면 따뜻한 날씨에는 실외사육장에 풀어 기르는 것이 선호된다. 대부분의 헤르만육지거북은 매우 튼튼하며, 초본식물로 둘러싸인 건조한 지역에서 야외활동을 한다. 실내사육장은 돌아다니며 활동할 수 있도록 충분히 커야 한다.	동면을 위해서는 5~10℃로 유지해야 한다. 자연서식지에서 일반적으로 10/11월과 3/4월 사이에 가변기간(보통 4~5개월) 동안 동면한다. 사육환경에서 건강한 성체의 경우 권장되는 동면기간은 최대 약 3개월이다.
그리스 육지거북	그리스육지거북은 비교적 강건하며, 기후변화에 잘 적응한다. 따라서 일반적으로 여름철에 실외에서 관리한다. 다른 종과 잘 어울리지 않는다.	터키육지거북(Turkish tortoise, Testudo graeca ibera)의 경우 자연서식지에서 최대 동면기간은 11월에서 4월까지 지속될 수 있다. 고도가 높은 곳에 사는 이 종은 5~10℃ 온도에서 겨울을 맞이하므로 영하의 온도에 노출시키지 않도록 주의한다. 해발고도가 낮은 곳에서 발견되는 더 작은 종은 동면하지 않는 경향이 있다. 대신 자연서식지에서 더운 날씨에 지하에서 하면할 수 있다.
마지네이트 육지거북	따뜻한 날씨에는 실외사육장에 풀어 기르는 것이 선호된다. 대부분의 마지네이트육지거북은 매우 강건하며, 초본식물로 둘러싸인 건조한 지역에서 야외활동을 한다. 실내사육장은 충분히 커야 한다.	

	온도	습도	조명
이집트 육지거북	낮은 온도에도 상당히 잘 견딘다. 10월부터 4월까지 주간 주변 온도는 17~24°C로 유지하며, 일광욕영역은 약 29~32.2°C를 유지한다. 더 높은 온도에 노출되면 활동량이 감소하며, 자연서식지에서 하면을 한다.	건조한 기후지대에 서식하며, 습한 환경에 취약하다. 주변 상대습도를 20~30% 사이로 유지한다. 얕은 물 그릇을 제공하고 정기적으로 신선한 물로 갈아준다.	UVB조명이 권장된다.
호스필드 육지거북	주간 온도는 21~32°C로 유지하며, 일광욕영역은 일반적으로 주간 최고기온보다 5°C 높게 유지한다. 야간에는 약 5°C 정도 낮춰준다.	상대습도를 65~70% 이하로 비교적 낮게 유지해야 하며, 40~75%가 이상적이다.	UVB조명이 권장된다.
헤르만 육지거북	주간 온도는 15~30°C 범위로 유지해야 하며, 일광욕영역은 32~35°C를 유지한다. 밤에는 온도경사를 5~25°C로 낮춘다.	40~75%로 유지한다.	UVB조명이 권장된다.
그리스 육지거북	주간 온도는 20~27°C로 유지하고, 일광욕영역은 일반적으로 주간 범위보다 5°C 정도 높게 유지한다. 야간에는 약 5°C 낮춘다.	30~50%의 상대습도를 선호한다. 기후변화에 특히 민감하며, 40~75% 범위의 높은 습도에서 더 잘 지낸다.	UVB조명이 권장된다.
마지네이트 육지거북	주간 온도경사는 26~30°C 범위여야 하며, 일광욕영역은 30~33°C에 도달해야 한다. 야간온도는 18°C 아래로 떨어지지 않도록 유지한다.		UVB조명이 권장된다.

먹이의 급여와
영양관리

―――

지중해 육지거북의 영양공급에 대해 잘못된 정보를 실은 문헌들이 많다. 이전 챕터에서 소개한 거북의 소화기 해부학에 대한 내용을 다시 참조해주기 바란다. 지중해 육지거북은 초식성 동물이며, 필요한 영양을 올바르게 제공하기 위해서는 우선 그들이 선호하는 먹이가 무엇인지 알아볼 필요가 있다.

올바른 영양공급의 일반적인 원칙

다음 페이지의 표는 식성(육식성, 잡식성, 초식성)에 따라 세 그룹으로 나눈 파충류의 에너지 요구량에 대한 주요 먹이유형의 기여도를 비교한 것이다. 초식성인 지중해 육지거북은 필요한 에너지의 대부분(55~75%)을 탄수화물로부터 얻고, 15~35%는 단백질 그리고 10% 미만을 지방으로부터 얻는다. 이들의 자연식단을 살펴보자. 야생의 그리스육지거북은 식단의 대부분이 질경이과(Plantaginaceae)의 질경이(Plantago), 국화과(Compositae)의 데이지(Daisy), 꼭두서니과(Rubiaceae)의 갈퀴덩굴(Bedstraw)로 구성돼 있다. 헤르만육지거북의 식단은 주로 갈퀴덩굴속(25%), 콩과

먹이의 에너지 요소	육식성	잡식성	초식성
단백질(%)	25~60	15~40	15~35
지방(%)	30~60	5~40	10 미만
탄수화물(%)	10 미만	20~75	55~75

파충류(식성에 따라 세 그룹으로 나눈)의 에너지 요구량에 대한 주요 먹이유형의 기여도; 1995년 도나휴(Donoghue S.)가 작성한 양서파충류수의사협회 논문집의 '양서파충류 임상영양학'에서 발췌

(Leguminosae)의 완두콩꽃(22%), 데이지속(10%) 그리고 미나리아재비과(Ranunculaceae)의 미나리아재비(8%)로 구성돼 있다. 이 식단에서 특히 주목할 점은, 칼슘:인의 비율이 3.5:1(평균적인 비율)이라는 것과 단백질함유량이 평균 2.75%라는 것이다.

일부 종의 구체적인 가이드 라인에 대해서는 하이필드(Highfield, 2000 Tortoise Trust)가 제안한 바 있다. 이에 따르면, 그리스육지거북의 경우 혼합꽃, 다육식물과 푸른잎채소(시금치, 근대, 청경채 등), 과일과 탄수화물이 풍부한 식단은 문제가 될 수 있다. 헤르만육지거북은 혼합꽃과 푸른잎채소, 이집트육지거북은 혼합꽃, 다육식물과 푸른잎채소, 과일은 문제가 된다. 호스필드육지거북은 혼합꽃과 푸른잎채소, 과일은 피한다.

지중해 육지거북의 식단

지중해 육지거북의 야생 식단을 살펴보면, 주로 식물의 잎과 꽃을 섭취하는 것을 알 수 있다. 따라서 사육환경에서 어떤 먹이를 제공해야 하는지 간단하게 생각해 볼 수 있다. 지중해 육지거북의 식단을 준비할 때 고려해야 할 사항은 다음과 같다.

■**섬유질이 풍부할 것** : 기본적으로 잎이 많은 먹이를 충분히 제공하는 것이 식이섬유를 풍부하게 섭취하도록 하는 좋은 방법이다. 이상적인 먹이로는 민들레 잎(그리고 꽃), 목초, 방가지똥(sow thistle), 클로버 그리고 물냉이(watercress)를 들 수 있다. 좋은 평가를 받고 있지는 않지만, 다양한 종류의 상추는 먹이섭취량의 일부로 할당할 수 있다. 상추는 수분을 공급하는 데 유용하며, 또 거북이 좋아하는 먹이이기 때문에 비타민/미네랄보충제를 더스팅(dusting; 비타민, 칼슘, 미네랄 등 여러 가지 영양성분을 먹잇감 표면에 뿌려서 급여하는 먹이급여방식)해서 급여하는 경우에도 잘 먹을 것이다.

민들레 잎은 지중해 육지거북이 가장 선호하며, 식이섬유를 풍부하게 섭취하는 데 도움이 되는 이상적인 먹이다.

■**칼슘이 풍부할 것** : 거북은 많은 양의 칼슘을 필요로 한다. 야생의 북미고퍼거북 (North American gopher tortoise, *Gopherus agassizi*)을 대상으로 진행한 연구에 따르면, 본능적으로 칼슘함유량이 높은 식물을 찾아 먹는다는 것을 알 수 있다. 북미고퍼거북과 마찬가지로, 지중해 육지거북도 이와 같은 행동을 할 가능성이 상당히 크다. 동물에 있어서 칼슘의 가용성은 여러 가지 요인에 의해 좌우되는데, 그중 하나가 먹이에 함유돼 있는 '인(phosphorus)'의 함량이다. 인은 인산염의 형태로 칼슘과 결합해 거북이 이용할 수 없는 상태가 되기 때문에 인산염의 양이 많을수록 흡수되는 칼슘의 양은 적어질 수밖에 없다. 대부분의 동물에게 평균적으로 요구되는 칼슘과 인의 비율은 2:1이다. 지중해 육지거북의 야생 식단에 대해 언급한 바를 참고하면, 그리스육지거북의 경우 3.5:1의 비율이 적합하다는 것을 알 수 있다.

■**단백질함량이 낮을 것** : 단백질의 섭취수준은 낮게 유지돼야 한다. 지중해 육지거북은 거의 완전한 초식성이지만, 자연상태에서 이들의 식단은 영양학적으로 매우 결핍돼 있기 때문에 부족한 단백질섭취를 보충하는 수단으로 우연히 발견되는 새나

지중해 육지거북의 식단을 준비할 때는 섬유질과 칼슘함량은 풍부하게, 단백질함량은 낮게 유지해야 한다.

다른 동물들의 사체를 먹기도 한다. 이는 지중해 육지거북이 야생의 주변 환경을 최대한 이용하려는 생존본능에서 비롯된 행동이며, 정기적으로 개사료나 고양이 사료를 급여하는 것과는 근본적으로 다르다. 개나 고양이사료를 장기적으로 급여하면 큰 문제를 일으킬 수 있다. 안타깝게도, 지중해 육지거북은 이처럼 단백질수치가 높은 먹잇감에 대해 탁월한 기호성을 보이는데, 반려거북의 건강을 위해 사육환경에서는 이와 같은 먹이를 급여하고 싶어지는 충동을 억제해야 한다.

단백질은 성장과 에너지를 위해 필요한 영양성분이지만, 과도하게 섭취하면 비정상적인 과잉성장을 초래한다. 이뿐만 아니라 과도한 열량(단백질과다인 경우)은 지방으로 전환된 후 간과 신장 및 다른 장기로 저장돼 지방간과 신장질환을 유발한다 (양서파충류수의사협회 도너휴 S. 1995 Nutrition Support). 통조림 형태로 시판되는 개나 고양이용 사료의 에너지 구성표를 살펴보면, 지중해 육지거북에게 급여하기에는 적합하지 않다는 것을 잘 알 수 있다. 과일의 경우도 마찬가지이며, 지중해 육지거북의 식단에서 과일이 차지하는 비중은 10%를 넘어서는 안 된다.

먹이의 영양성분

사육 중인 지중해 육지거북에게 급여할 먹이는 다양한 영양성분이 함유돼 있어야 하며, 이러한 성분들이 급여되는 먹이의 질을 높여준다. 양질의 먹이는 육지거북이 필요로 하는 영양을 충분히 제공해줄 수 있지만, 그렇지 않은 먹이는 영양성분의 일부 혹은 전체가 결핍돼 있거나 거북에게 완전히 부적합하다. 모두들 잘 알고 있듯이, 물은 영양공급에 있어 필수적인 요소다. 따라서 사육자는 반려거북에게 적절한 먹이를 공급하는 것 외에도, 깨끗한 물을 항상 마실 수 있도록 해줘야 한다.

■ **단백질**(protein) : 단백질은 신체의 성장 및 회복을 위해 필요한 영양성분이지만, 지중해 육지거북은 단백질함량이 적은 먹이에 적응돼 있는 동물이다. 사육 하에서는 일반적으로 슈퍼마켓에서 쉽게 구할 수 있는 먹이를 공급하게 되는데, 이를 과도하게 섭취하면 장에 문제가 생긴다거나 과잉성장을 초래하는 경우가 많다.

■ **지방**(fat) : 지중해 육지거북에게 있어서 지방은 상대적으로 잘 활용되지 못한다. 그러나 난황은 발달 중인 배아에게 이상적인 에너지 저장고인 지방질로 이뤄져 있기 때문에 암컷이 섭취하는 지방의 유형은 산란한 알의 생존율에 영향을 미칠 수 있다. 따라서 번식활동을 하는 암컷에게는 어느 정도의 지방이 필요하다. 단, 지나친 고지방식 식단의 급여는 지방간의 원인이 되기도 하므로 주의해야 한다.

■ **탄수화물**(carbohydrate) : 탄수화물은 육지거북의 주요 에너지원이다. 기본적으로 탄수화물은 식물이 광합성과정에서 생산해내는 단당류와 전분으로 이뤄져 있으며, 소장에서 흡수된다. 탄수화물의 과다섭취는 소화불량을 유발할 뿐만 아니라, 지방으로 전환돼 간에 축적되기 때문에 지방간이 발생할 수도 있다는 점에 유의하자.

■ **식이섬유**(Fibre) : 식이섬유는 두 가지 중요한 기능을 수행한다. 섬유질의 일부는 먼저 장내 박테리아에 의해 작은 분자로 분해돼 소화가 이뤄지고 거북에게 흡수된다. 다음으로 정상적인 장내 환경을 조성해 장운동을 원활하게 하고 대변형성을 촉진한다.

먹이의 유형	단백질 %	지방 %	탄수화물 %
과일	1~10	0~5	85~95
야채	5~30	0~10	60~95
풀	15~40	0~10	50~85
통조림 개사료	20~30	15~40	30~65
통조림 고양이사료	30~45	30~45	10~40

먹이의 유형에 따른 단백질, 지방, 탄수화물의 함량

■ **비타민**(vitamin) : 우리 인간과 마찬가지로, 지중해 육지거북은 건강을 유지하기 위해 여러 종류의 비타민을 필요로 한다. 비타민은 크게 수용성과 지용성으로 나눌 수 있다. 수용성 비타민은 일반적으로 체내에 저장되지 않으므로 필요할 때마다 섭취해 이용해야 하고, 지용성 비타민은 체지방에 저장돼 사용된다.

수용성 비타민(water soluble vitamin) 수용성 비타민은 물에 잘 녹는 비타민으로서 비타민 B군과 C가 있다. 비타민B군은 대부분 장내 박테리아에 의해 생성되고, 장벽을 통해 직접 흡수된다. 따라서 극단적인 식욕부진이나 장기적인 항생제 사용과 같은 경우를 제외하고는, 지중해 육지거북에게서 비타민B결핍증상은 거의 나타나지 않는다. 육지거북의 식단에 있어서 비타민C가 필요하다는 증거는 없다.

지용성 비타민(fat soluble vitamin) 지용성 비타민은 지방에 잘 녹는 비타민으로서 비타민 A, D, E, K가 있다. 칼슘의 경우 장에서 흡수되기 위해서는 비타민D3가 필요하며, 비타민D3가 없으면 먹이 안에 아무리 많은 양의 칼슘이 포함돼 있더라도 거북이 충분한 양을 흡수할 수 없게 된다. 비타민D3는 여러 단계를 거쳐서 생산된다.

먼저 프로비타민D(provitamin D)는 자외선을 받으면 피부에서 두 번째 화합물인 프레비타민D(previtamin D)로 전환된다. 프레비타민D는 두 번째 반응에 의해 비타민 D3로 전환되는데, 이러한 현상은 온도에 의존하는 변화이기 때문에 이 단계에서 육지거북의 체온을 적절하게 유지하는 것이 필수적이다. 추가적으로 비타민D3는 간과 신장에서 좀 더 활동적인 생리활성물질로 전환된다.

비타민D3의 생성과정

비타민D3는 동물성이며, 식이보조제로 공급했을 때 거북과 다른 파충류가 이용할 수 있는 유일한 형태로 간주되고 있다. 일반적으로 많은 파충류 숍에서 판매되는 비타민보충제에는 식물에서 추출한(그래서 가격이 더 저렴함) 비타민D2가 함유돼 있는데, 이는 육지거북에게 전혀 효용성이 없기 때문에 구매 시 잘 살펴봐야 한다.

비타민E는 셀레늄과 함께 정상적인 근육생성 및 생식기능을 위해 필요하다. 또한, 체내에 저장된 지방이 산패(지방조직염-steatitis)되는 것을 억제해준다. 비타민A는 몸의 내벽, 특히 호흡기계 내벽의 정상적인 유지와 활동에 중요한 역할을 한다. 비타민A의 결핍은 호흡기계 내벽의 항상성(homeostasis)[1]에 변화를 일으키고, 그 결과 사육개체는 2차 호흡기감염, 심지어 폐렴에 더 취약해지게 된다. 또한, 눈꺼풀의 눈물샘과 신장의 미세한 혈관들에 영향을 미쳐 안과질환, 신장질환을 유발하게 된다. 빨간색이나 오렌지색, 노란색을 띤 야채는 비타민A의 좋은 공급원이다.

■**미네랄**(mineral) : 먹이에 포함돼 있는 미네랄의 양은 대체로 토양 내의 미네랄 함량이 그대로 반영된다. 육지거북에게 제공되는 먹이 중 상당수가 칼슘함량이 부족하기 때문에 지중해 육지거북의 영양공급에 있어서 사육자가 고려해야 할 가장 중요한 미네랄은 칼슘이다. 지금까지 살펴봤듯이, 칼슘은 다른 미네랄에 비해 많은 양을 필요로 한다. 마그네슘과 인 또한 적정한 양이 필요하지만, 대부분의 식물성 먹이에 많은 양의 인이 함유돼 있다. 다행스럽게도, 미량원소를 포함한 필수미네랄의 대부분은 질 좋은 먹이를 다양하게 급여하는 방법으로 공급할 수 있다. 또한, 지중해 육지거북을 흙바닥에 방사하는 것으로도 어느 정도 공급이 가능하다.

---

1 살아 있는 생명체가 여러 가지 환경변화에 대응해 생명현상이 제대로 일어날 수 있도록 개체 또는 세포의 상태를 일정하게 유지하는 성질 또는 그런 현상을 이른다.

지중해 육지거북의 식단은 이들에게 가장 선호되는 민들레를 포함해 잎이 많은 식물 위주로 구성해야 한다.

먹이의 종류와 특징

앞서도 언급했듯이, 지중해 육지거북의 식단은 민들레 잎, 물냉이, 한련화, 방가지 똥 및 클로버와 같이 잎이 많은 식물 위주로 구성해야 한다. 물냉이와 민들레 잎에는 자연적으로 칼슘이 많이 포함돼 있기 때문에 특히 권장되는 훌륭한 먹이다.

요즘은 슈퍼마켓에서 육지거북에게 주식으로 제공할 수 있는 세척된 샐러드용 채소들을 어렵지 않게 구입할 수 있다. 그러나 채소에 포함된 영양성분은 그 채소가 뿌리를 박고 있는 토양의 성질에 따라 더욱 강화될 수 있다. 예를 들어, 상추를 재배하는 토양에 무기물을 첨가하면 칼슘함유량을 증가시킬 수 있다. 따라서 이 점을 염두에 둔다면, 집에서 직접 기른 유기농 채소를 급여하는 것이 더 좋은 방법이다. 유기농 채소는 미네랄보충제를 더스팅한 후에도 육지거북이 잘 먹는다.

몇몇 종류의 채소는 급여량을 적절히 조절할 필요가 있다. 콜리플라워(cauliflowers; 꽃양배추), 방울양배추(brussel sprouts; 미니양배추), 브로콜리(broccoli) 등 양배추 그룹의 채소는 티록신(thyroxine; 갑상선에서 분비되는 호르몬) 수치를 낮춰 갑상선기능저하증을 유발할 수 있는 고이트로겐(goitrogen)[2]이라는 물질을 함유하고 있기 때문에 전체 식단에서 차지하는 비율을 10% 이하로 제한해야 한다. 시금치, 대황(rhubarb; 장군풀) 잎, 수선화는 옥살산(oxalic acid)[3]을 함유하고 있다. 옥살산은 장 내벽에 자극을 주거나 방광결석을 유발할 뿐만 아니라, 칼슘과 결합돼 육지거북이 필요로 하는 칼슘의 흡수를 방해한다.

■꽃(flower) : 민들레와 한련화를 포함한 꽃도 손쉽게 급여할 수 있다. 하지만 몇몇 종은 독성이 있을 수 있으므로 먹이로 꽃을 급여할 경우에는 주의를 기울일 필요가 있다. 육지거북에게 수선화꽃 몇 송이를 급여했다가 폐사를 초래한 사례도 보고돼 있다.

먹이로 꽃을 급여할 경우 독성이 있는 종류가 있을 수 있으므로 주의를 요한다.

■채소(vegetable) : 쉽게 구할 수 있는 각종 채소는 잎이 무성한 녹색식물로 아주 유용한 먹이가 된다. 오이와 호박은 훌륭한 수분공급원이며, 피망과 당근(강판에 갈아 공급한다) 등 빨간색 및 노란색의 채소들은 비타민A를 공급하는 데 유용한 먹이다. 콩과 완두콩 등의 채소는 급여하지 않도록 해야 한다. 이들은 단백질함량이 비교적 많은 편에 속하는 채소이며, 다른 종류의 먹이를 거부하게 되는 원인으로 작용할 수도 있기 때문에 가급적이면 급여를 피하는 것이 바람직하다. 단백질함량이 너무 많을 수도 있으며, 옥살산과 마찬가지로 칼슘과 결합되는 피트산(phytic acid)[4]을 함유하고 있어 육지거북이 칼슘을 흡수하기 어렵게 만든다.

---

2 갑상선 기능을 저하시키는 원인물질의 총칭. 십자과식물이나 콩과식물의 열매에는 이 물질이 포함돼 있어 과도하게 섭취할 경우 갑상선호르몬의 합성이 억제되기 때문에 갑상선이 부어오르는 현상이 나타난다. 티오우라실, 프로피오티오 우라실 등은 강력한 고이트로겐으로 갑상선비대물질이라고도 한다.   3 수산이라고도 한다. 독성이 있는 물질로 콩팥에 특히 해로우며, 칼슘이온과 반응해 요로결석을 일으키는 물질로 알려져 있다. 채소 중 옥살산함량이 가장 높은 것은 파슬리로, 100g당 1.70g의 옥살산이 함유돼 있다(시금치는 100g당 0.97g 함유). 채소에 함유된 옥살산을 제거하는 가장 좋은 방법은 옥살산이 수용성이므로 끓는 물에 데쳐서 옥살산이 빠져나오게 하는 것이다.   4 콩류, 나무의 열매, 곡류의 외피에 많이 분포돼 있는 천연식물 항산화제로, 무기질류의 흡수를 저해한다.

■**과일**(fruit) : 앞서도 언급했듯이, 과일 중심의 식단은 일반적으로 지중해 육지거북에게 적합하지 않다. 야생의 지중해 육지거북은 부족한 영양을 보충하기 위한 수단으로 땅에 떨어진 과일이나 버려진 과일을 종종 먹기도 한다. 그러나 이는 과일을 매일 섭취하는 것과는 근본적으로 다르다. 특히 바나나는 문제가 될 수 있다. 바나나는 육지거북 사육자가 흔히 공급하는 먹이인데, 높은 탄수화물수치로 인해 배탈을 유발할 수 있다. 또한, 잠정적으로 중이염과 관련이 있다고 여겨지고 있다. 과일은 전체 식단에서 차지하는 비율이 10%를 넘지 않도록 하는 것이 좋다.

■**펠릿사료**(pelleted food) : 일부 제품의 경우 초식성 종에게 급여하기에는 단백질함량이 너무 높은 것도 있기는 한데, 시판되고 있는 대부분의 펠릿사료는 육지거북에게 급여하기에 매우 적합한 먹이다. 일반적으로 기호성이 매우 높고, 칼슘과 비타민이 적절한 수준을 유지하고 있기 때문에 육지거북에게 좋은 기초사료가 된다.
사료의 이상적인 섬유질함량은 18~25% 수준이지만, 이 정도로 섬유질함량이 높을 경우 사료의 뭉침에 영향을 줄 수 있기 때문에 대부분의 펠릿사료는 섬유질함량이 이보다 낮게 제조된다. 잎채소를 사료와 섞어 급여하면 섬유질의 양을 증가시킬 수 있다. 펠릿사료는 단독으로 급여하는 것은 좋지 않지만, 신선한 먹이를 쉽게 구할 수 없는 응급상황에서는 상당히 유용한 먹이라고 할 수 있다.

■**급여해서는 안 될 것** : 모든 형태의 육류 먹이, 특히 통조림 형태의 개사료와 고양이사료는 사육환경에 있는 지중해 육지거북에게 급여해서는 절대 안 된다. 이와 같은 사료들은 단백질함량과 지방함량이 지나치게 높으며, 비타민보충제도 많이 첨가돼 있기 때문에 비타민 과다섭취로 인한 문제가 발생할 가능성이 크다.
안타깝게도, 이런 종류의 동물성 먹이는 지중해 육지거북에게 기호성이 상당히 좋다. 야생에서도 죽은 새의 사체를 먹는 경우가 간혹 있는데, 야생에서 찾아먹을 수 있는 먹이의 대부분이 단백질함량이 낮다는 것을 생각해보면 그다지 놀라운 일은 아니다. 모처럼 얻게 된 단백질공급원을 먹을 수 있는 기회를 군이 외면하지는 않을 것이다. 그러나 과일과 마찬가지로, 동물성 먹이를 매일 섭취하면 심각한 간질

시판되고 있는 대부분의 펠릿사료는 육지거북에게 급여하기에 매우 적합한 먹이이다. 일반적으로 기호성이 매우 높고, 칼슘과 비타민이 적절한 수준을 유지하고 있기 때문에 육지거북에게 좋은 기초사료가 된다.

환 및 신장질환을 유발할 수 있으므로 급여하지 않도록 주의를 기울이자. 한편, 육지거북이 달팽이를 잡아먹는다는 이야기를 종종 듣곤 하는데, 개인적으로 경험한 바에 의하면 건강한 육지거북의 경우 보통 복족류(Gastropoda; 연체동물문의 가장 큰 강으로, 복부에 다리가 붙은 형태의 연체동물을 이른다)에는 관심을 보이지 않는다.

수분공급

지중해 육지거북이 서식하고 있는 지중해지역은 비교적 건조한 환경이다. 모든 동물과 마찬가지로, 지중해 육지거북 또한 물을 필요로 한다. 그러나 이들은 수원지에 노닐하기 위해 대형 포유류처럼 상사리를 이동할 수 없으며, 새처럼 날아서 상애물을 넘을 수도 없다. 지중해 육지거북은 이와 같은 문제를 종 특유의 행동양식과 내부적인 수단을 조합해 해결하고 있다. 이 두 가지를 결합해 효과적으로 물을 모으고, 오랜 시간 동안 저장할 수 있도록 진화해온 것이다.

■**수분의 섭취** : 야생에서는 목이 마르면 강이나 계류 혹은 비온 뒤에 물이 고여 있는 곳을 찾아 마실 테지만, 반려거북의 경우 필요 시 항상 물에 접근할 수 있는 환경을

매일 물을 제공하기 어려운 경우 이틀에 한 번씩이라도 30분 정도 욕조에서 충분히 물을 마실 수 있도록 해줘야 한다.

사육자가 조성해줘야 한다. 낮은 용기에 깨끗한 물을 담아 제공하는데, 어의치 않은 경우 이틀에 한 번씩이라도 30분 정도 욕조에서 충분히 물을 마실 수 있도록 해줘야 한다. 욕조의 수위는 배갑과 복갑의 경계선 정도까지가 적당하다. 인간과 달리 거북은 비강과 구강을 분리하는 연구개(軟口蓋, soft palate; 물렁입천장)가 없기 때문에, 물을 삼킬 때 공기를 들이마시는 것을 막기 위해 콧구멍을 물속에 담그게 된다.

야생에서 물에 자유롭게 접근할 수 없는 상황에 처하면 먹이 또는 체내대사작용을 통해 필요한 수분을 얻게 된다. 잎이 많은 식물, 특히 부드러운 여린 싹에는 수분이 상당히 많이 함유돼 있으며, 식물이 이슬로 덮여 있는 이른 아침에 먹이활동을 할 때 유용한 수분공급원이 될 수 있다. 참고로 민들레 잎은 약 86%의 수분을 함유하고 있는데, 시판용으로 생산된 채소의 경우 인간의 입맛에 맞게 최대한 즙을 내기 위해 더 많은 수분을 함유하고 있다(예를 들어, 로메인상추의 경우 수분함량이 94%나 된다).

■**수분의 저장**: 신체 내부에서 일어나는 다양한 자연화학반응의 결과로 최종생산물의 일부인 물분자가 만들어진다. 비록 이러한 대사반응이 개별적인 세포단위에서 이뤄지는 일이지만, 육지거북이 요구하는 전체수분량에 대해 상당 부분을 충족시킬 정도의 물을 생산할 수 있다. 방광은 육지거북이 물을 저장하는 데 가장 중요한

터키육지거북(Turkish tortoise, *Testudo graeca ibera*) 암컷이 사육주가 급여한 딸기를 먹고 있는 모습

역할을 하며, 물이 가득 찰 경우 껍데기 안쪽 부피의 40%를 차지한다. 신장에서 생산되는 소변은 수뇨관으로 불리는 가늘고 긴 관을 통해 방광 안으로 운송돼 저장된다. 만약 거북이 탈수의 위험에 처하게 되면 방광으로부터 곧장 수분을 뽑아내 신체의 각 부분으로 되돌려 보낼 수 있다. 이는 포유류인 우리 인간에게서 절대 볼 수 없는, 거북이 지닌 매우 특별한 능력이라고 하겠다.

■**수분의 손실** : 거북의 몸에 저장된 수분은 다음의 경로를 통해 몸에서 빠져나간다. 첫째, 피부를 통해 증발된다. 육지거북의 피부는 매우 두꺼워서 피부를 통해 증발되는 수분은 거의 없다. 또한, 땀샘이 없으며, 보통 온도가 낮은 환경을 찾아들어 시원함을 유지한다. 체온이 심하게 높아지는 경우 입에서 거품이 나는 것처럼 보일 정도로 많은 양의 침이 나와 머리 부분을 시원하게 유지하는데, 이 침이 증발하면서 체온을 낮추는 역할을 한다. 그러나 이러한 행동은 당연히 수분을 낭비하는 결과를 가져오기 때문에 극도로 심각한 상황에 처했을 때만 나타날 수 있는 행동이다.

둘째, 호흡을 하는 중에도 증발된다. 호흡으로 인해 증발되는 수분의 양은 극히 적지만, 폐와 기도의 습한 내벽으로부터 증발되는 수분을 막기 위해 거북이 취할 수 있는 방법이 거의 없기 때문에 주목해야 할 만한 부분이다. 이러한 경로로 수분이

사육환경에서 먹이를 급여하면 일부만 먹고 그대로 남겨둔 채 다른 곳으로 이동하며, 혹은 짓밟거나 그 위에 소변을 보기도 한다. 먹이찌꺼기를 줄이고 원서식지의 자연스러운 먹이활동을 유도하기 위해 한 번에 소량을 급여하는 것이 좋다.

손실된다는 사실은 동면기간 중에 특히 더 중요해지므로 잘 알아두는 것이 좋다. 육지거북은 설치류 굴이나 초목이 울창한 잡목림과 같은, 상대적으로 습한 미세기후지역을 찾는다. 이러한 장소에는 햇볕이 들지 않아 빨리 건조해지지 않는 환경이 조성돼 있다. 식물은 증산작용(蒸散作用, transpiration; 잎의 기공을 통해 물이 기체상태로 빠져나가는 작용)을 통해 주변의 습도를 개방된 공간의 습도보다 높게 만든다. 이처럼 상대적으로 습도가 높은 공기는 특히 폐로부터의 수분손실률을 낮춰준다.

셋째, 소변으로 배출된다. 다른 파충류와 마찬가지로, 거북의 신장은 수분손실을 방지하기 위해 소변을 농축할 수 있는 기능이 없다. 이와 같은 이유로 총배설강, 대장, 방광에서 소변으로 배출되는 수분을 재흡수하고, 폐질소의 대부분을 제거한 요산으로 배출한다. 넷째, 대변으로 배출된다. 아마도 신체에서 가장 많은 수분을 손실하게 되는 경로일 것이다. 부적절한 식단과 장관감염은 심각한 수분손실을 유발한다.

비타민/미네랄보충제

영양적인 면에서 의심스러운 경우라면 비타민/미네랄보충제를 급여하는 것이 좋겠다. 칼슘은 시판되고 있는 칼슘보충제를 이용해 쉽게 공급해줄 수 있다. 가능한 한 칼슘보충제에 인이 포함돼 있는지 여부를 확인하도록 하자. 시판되는 칼슘보충제 중 많은 제품이 종합비타민제와 혼합돼 있는데, 구입 시에는 파충류를 위해 만들어진 제품인지, 비타민D3(비타민 D2가 아니라)를 함유하고 있는지 확인해야 한다.

자연광이 내리쬐는 환경이거나 또는 풀스펙트럼 램프를 통해 자외선을 공급할 수 있는 환경이 조성돼 있다면, 탄산칼슘($CaCO_3$)을 급여할 수도 있다. 탄산칼슘은 칼슘이온(Ca^{2+})과 탄산이온(CO_3^{2-})으로 이뤄진 이온화합물인 탄산염을 말하며, 사육 하에서는 조개껍데기나 달걀껍데기를 소독한 후 분쇄해서 더스팅하는 방법으로 탄산칼슘을 급여할 수 있다. 달걀껍데기는 주로 탄산칼슘으로 구성돼 있으며, 살모넬라감염의 위험을 줄이기 위해 급여하기 전에 반드시 살균할 필요가 있다.

먹이급여방법

지중해 육지거북은 초식동물이며, 자연서식지에서 자신이 선택한 풀을 뜯어먹고 다음 장소로 이동한다. 한 장소에 머물며 땅이 편평해질 때까지 풀을 뜯는 경우는 드물다. 실제로 사육환경에서 먹이를 급여하면 일부만 먹고 그대로 남겨둔 채 다른 곳으로 이동하며, 혹은 짓밟거나 그 위에 소변을 보기도 한다. 사육자 입장에서는 짜증스럽고 먹이를 낭비하는 행위로 생각할 수도 있지만, 거북에게는 지극히 자연스러운 행동이다. 따라서 먹이찌꺼기를 줄이고 원서식지의 자연스러운 먹이 활동을 유도하기 위해 가능한 한 하루에 두 번씩 소량을 급여하는 것이 좋다.

육지거북을 정원에 풀어서 사육하는 경우는 풀밭에서 풀을 뜯을 수 있도록 하면서 최소한의 식이보충제를 급여하는 것이 가장 좋다. 야생에서의 식습관을 최대한 비슷하게 모방할 수 있는 방법이다. 배설물의 형태가 잘 잡혀 있고, 색이 검으며 섬유질이 잘 형성돼 있는 것은 건강하다는 징후다. 일반적으로 묽은 변을 보는 경우 기생충 때문일 것이라고 생각하는데, 섬유질섭취의 부족이 원인인 경우가 많다.

건강한 거북의 대변은 색이 진하고 단단하며 섬유질이 있어야 한다. 또 무르고 점액질이 없어야 한다.

규칙적인 측정과 기록

사육 중인 각 개체의 건강유지를 위해 정기적으로 시행해야 하는 관리사항이 몇 가지 있다. 최소 일 년에 한두 번은 실시하는 것이 바람직한데, 동면 전과 동면 후 두 번에 걸쳐 이뤄지는 건강검진이 여기에 포함된다. 영국에서 '동면 전 건강검진' 은 거북이 동면을 위해 윈드 다운(wind down: 동면에 들어가기 위해 서서히 체온을 내려 대사 작용을 지연시키는 일련의 과정)을 시작하기 전인 9월 초순에서 중순에 실시한다.

이렇게 비교적 일찍 건강검진을 시행함으로써 사육자는 동면 전에 발생할 수 있는 사소한 문제들에 대처할 수 있고, 또 만약 거북이 겨울 동안 깨어 있어야 하는 경우 라면 적절한 사육장을 준비할 시간적 여유를 가질 수 있다. 동면 이후의 점검은 동 면에서 깨어나고 2~3주 지나면 실시한다. 이때쯤 되면 육지거북은 먹이활동을 시 작하는데, 만약 그렇지 않다면 추가적인 건강점검이 필요하다.

체장과 체중의 비율

'체장:체중의 비율'은 영국왕립수의학교(Fellow of the Royal College of Veterinary Surgeons, FRCVS)의 연구원이자 수의사인 올리펀트 잭슨(Oliphant Jackson)이 연구하고 고안한 것

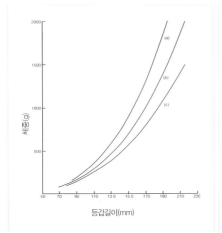

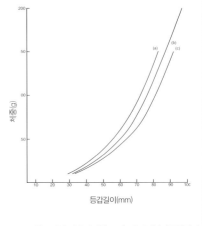

도표 1 : 생후 6개월 미만 건강한 그리스육지거북의 등갑길이 대비 몸무게를 보여주는 성장곡선(a - 상한, b - 평균, c - 하한)

도표 2 : 생후 6개월 이상 건강한 그리스육지거북의 등갑길이 대비 몸무게를 보여주는 성장곡선(a - 상한, b - 평균, c - 하한)

그리스육지거북(Greek tortoise, *Testudo graeca graeca*)과 헤르만육지거북(Hermann's tortoise, *Testudo hermanni*) 의 체중측정 데이터 및 건강과의 관계; 올리펀트 잭슨(Oliphant Jackson) Small Anim. Pract(1980) 21, 409-416

으로, 도표 1과 2에서 보이는 것처럼 그리스육지거북과 헤르만육지거북에 대한 간단한 공식이 발표된 이후에 '잭슨 비율'이라는 명칭으로 알려지게 됐다. 잭슨 비율은 현재 그리스육지거북과 헤르만육지거북에 있어서 성공적인 동면을 위해 필요한 최적의 체중을 유지하고 있는지 여부를 결정하는 방법으로 채택되고 있다.

잭슨 비율은 쉽게 측정할 수 있는 '체중'과 '체장(등갑길이, 갑장)'이라는 두 가지 수치를 비교분석해 전체적인 신체상태를 측정하는 공식이며, 주어진 등갑길이에 대한 최소체중 및 최적체중을 그래프로 표현한다. 한 줄은 등갑길이에 따른 평균체중의 비율, 한 줄은 허용 가능한 최저체중을 보여준다. 상태가 좋지 않은 개체는 종종 평균기준치 이하로 떨어지고, 비만인 개체의 경우 평균치를 상회하게 된다.

갓 태어난 해츨링이나 어린 개체의 경우는 한 달 정도의 간격으로 체중과 체장을 수시로 확인해 성장률을 모니터해야 한다. 많은 육지거북이 일련의 급성장기(growth spurts)[1]를 거치며 자라는데, 이 또한 모니터링 결과에 반영돼야 한다.

---

1 rapid growth period라고도 한다. 단기간에 급격한 성장이 이뤄지는 시기를 말하며, 칼로리 수요를 늘리기 위해 갑자기 먹이 활동이 활발해지는 등의 행동변화가 수반된다.

외관상 별 문제가 없어 보이는 경우라 할지라도 체중이 감소하고 있다는 것은 건강상 첫 번째 이상신호로 간주할 수 있으므로 그냥 지나치는 일이 없도록 하자.

■**체중**(weight) : 체중은 그램 단위로 측정한다. 대형개체의 경우 5g 정도의 오차는 용인되지만, 가능한 한 정확도가 높은 저울로 측정하는 것이 좋다. 정확한 무게를 측정하기 위해 필요하다면 사육개체를 잠시 뒤집어두는 방법을 취해도 괜찮다. 이정도는 거북에게 크게 해가 되지는 않으므로 염려할 필요는 없다.

■**체장**(length) : 체장은 등갑의 가장 앞쪽에서부터 가장 뒤쪽 지점까지 정확하게 직선으로 측정해야 한다(straight carapace length, SCL). 등갑 윗면의 곡선을 따라 측정해서는 안 되는데, 이 경우 체장이 실제보다 길어져 잘못된 측정치를 얻게 되고 그래프상에서 체중미달로 표시된다. 체장과 체중의 비율은 육지거북의 종합적인 신체상태를 알 수 있게 해주는 유용한 지표지만, 다음과 같은 사항을 염두에 두는 것이 좋다.

최초연구가 헤르만육지거북과 그리스육지거북을 대상으로 이뤄졌기 때문에 이 두 종과 그 아종에 한해서는 합리적인 근거가 된다는 사실은 확실하다. 그러나 잭슨 비율 그래프는 호스필드육지거북이나 이집트육지거북, 마지네이트육지거북, 튀니지육지거북(Tunisian tortoise, *Testudo graeca nabulensis*)에 적용하기에는 적합하지 않다. 또한, 알제리육지거북(Algerian tortoise, *Testudo graeca whitei*)에게도 적용되지 않는데, 이는 최초연구 시에 알제리육지거북을 그리스육지거북(Greek tortoise, *Testudo graeca graeca*)으로 잘못 식별해서 포함시켰기 때문일 가능성이 있는 것으로 보인다.

잭슨 비율은 그리스육지거북과 헤르만육지거북에 있어서 성공적인 동면에 필요한 최적의 체중을 유지하고 있는지 여부를 결정하는 방법으로 채택되고 있는 공식이다.

각각의 사육개체에 대해 항상 검사하고 기록하는 습관을 들이는 것이 필요하다.

하지만 헤르만육지거북과 그리스육지거북 외의 종을 기를 경우 작은 비율을 아예 무시해도 된다는 의미는 아니다. 체중과 체장을 정기적으로 측정해서 누적된 정보는 시간이 흐르면 흐를수록, 특히 육지거북의 상태가 좋지 않을 때 유용하게 활용될 수 있기 때문이다.

자신이 기르고 있는 각 개체의 '정상적인' 상태에 대한 데이터베이스를 구축하는 것이 매우 중요하다. 예를 들어보자. 볼록한 돔 형태의 등갑을 가진 암컷에 비해 수컷의 등갑은 좀 더 평평한 경향이 있는데, 이는 건강한 수컷의 적정체중이 평균적으로 '최소한계선' 또는 그 아래쪽에 위치하는 반면, 암컷은 대개 훨씬 더 무겁게 나타나는 요인이라고 할 수 있다.

종합건강검진

등갑뿐만 아니라 사지, 머리, 목 그리고 꼬리에 장애가 있는지, 특히 부어 오른 곳(종양일 수도 있는)이 있는지 각각의 개체에 대해 철저한 검사를 실시하는 것이 좋다. 눈은 초롱초롱해야 하며, 눈과 코 그리고 입에 분비물이 있어서는 안 된다. 수의사에게 안과검사를 포함한 좀 더 세밀한 점검을 받을 수 있다.

기록과 구충

개체 확인을 위해 등갑을 촬영하거나 복사하고, 최신의 검진기록을 유지하며 모든 변경사항을 기록한다. 구충은 연 2회에 걸쳐 실시하는데, 특히 동면 직후에 실시되는 구충은 성충이 알만들기를 시작하기 전에 이뤄지기 때문에 더욱 효과적이다. 기생충 역시 변온동물이기 때문에 육지거북이 체온조절을 시작하고 일광욕으로 체온을 상승시키면 함께 활동을 개시한다는 점을 기억하자.

Chapter 05

지중해 육지거북의 건강과 질병

지중해 육지거북에게 발생할 가능성이 있는 질병의 종류와 효과적인 진단방법, 질병이 발생한 개체의 관리, 질병발생 시의 응급처치법과 치료 및 예방에 대해 알아본다.

01
section

질병의 징후와
질병개체 관리 및 예방

지중해 육지거북은 비교적 강건한 동물로서 잘 관리되기만 한다면 오랫동안 건강하게 살 수 있다. 그러나 모든 동물과 마찬가지로, 다양한 원인에 의해 질병에 걸릴 가능성은 늘 존재한다는 점을 항상 염두에 둬야 한다. 이번 섹션에서는 질병에 걸렸을 때 나타나는 징후와 질병개체의 관리 및 예방에 대해 알아본다.

질병의 징후
파충류는 질병에 걸려도 습성상 최후의 순간까지 겉으로 드러내지 않는 특성이 있기 때문에 사육자가 늘 모니터해서 질병의 증상을 조기에 발견하는 것이 매우 중요하다. 따라서 자신이 기르는 개체의 정상적인 모습, 움직임 및 행동에 익숙해짐으로써 이상이 생겼을 때 바로 알아차릴 수 있도록 준비하는 것이 필요하다. 건강한 개체의 특성을 살펴보면 우선 눈이 맑고 크게 뜬 상태를 유지한다. 콧구멍과 항문이 깨끗하며, 활발하고 기민한 모습을 보인다. 또한, 껍데기는 매끄럽고 손상되지 않아야 한다. 먹는 것을 좋아해야 하고, 적어도 2~3일마다 배변이 이뤄져야 한다.

질병에 걸렸을 때 보통은 뚜렷한 징후를 보이지 않지만, 식욕이나 대변의 변화 및 행동 또는 호흡의 변화가 나타나므로 이를 잘 살펴봐야 한다. 또한, 눈과 코 또는 입에 분비물이 있는지 여부도 모니터해야 한다. 우려할 만한 문제가 발견된다면 가능한 한 빨리 파충류 치료가 가능한 수의사에게 진찰을 받도록 하자. 적어도 1년에 한 번, 이상적으로는 가을에 동면하기 전에 수의사에게 사육개체를 데려가 일반적인 건강검진 및 대변검사를 받아보는 일정을 짜두는 것이 좋다.

질병개체의 관리

질병에 걸린 개체는 사육주가 제반 환경조건을 적절하게 통제할 수 있는 사육장에서 최선을 다해 관리해야 한다. 이때 사육장 위생에 특히 주의를 기울여야 하며, 최소한의 용품만 비치해 단순하게 꾸민 사육장을 준비하는 것이 효과적이다. 바닥재로는 간단하게 신문지를 사용해 쉽게 청소할 수 있도록 하고, 은신처와 같은 구조물은 살균해서 사용하거나 아예 치워두도록 하자. 이외에도 질병개체를 위한 기본적인 관리에는 다음과 같은 사항이 포함돼야 한다.

■**스트레스가 제거된 환경 제공** : 지중해 육지거북이 필요로 하는 사육환경조건이 충족되지 않을 경우 스트레스가 유발될 수 있으며, 이로 인해 질병에 걸릴 수 있다. 지중해 육지거북의 종에 따라 환경조건이 각각 달라질 수 있으므로 자신이 기르는 종에 적합한 사육환경에 대해 충분히 숙지할 필요가 있다. 부적절한 온도 및 습도 조건을 비롯해 잦은 핸들링 등이 스트레스를 유발할 수 있으며, 이와 같은 환경에 최대한 노출되지 않도록 각별하게 신경을 써야 한다.

■**적합한 온도조건 제공** : 테스투도속의 종이 선호하는 체온은 약 30℃ 내외로, 너무 낮은 온도에 방치되면 면역체계가 작동하지 않는다. 터키육지거북(Turkish tortoise, *Testudo graeca ibera*)의 경우 10℃ 이하에서는 항체를 생산할 수 없다. 따라서 거북이 항생제와 같은 약물을 복용하고 있는 경우, 수의사가 예측 가능한 방식으로 약제를 투여하기 위해서는 질병개체의 체온을 선호하는 수준으로 유지해야 한다.

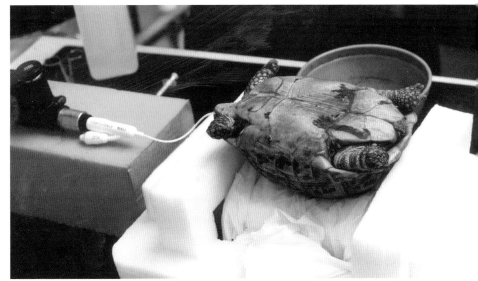

그리스육지거북(Greek tortoise, *Testudo graeca graeca*) 암컷이 마취를 하고 수술을 위해 준비하고 있는 모습

■충분한 수분의 공급: 질병개체에게는 충분한 수분을 공급하는 것이 필수적이며, 가장 좋은 방법은 매일 미지근한 물로 온욕을 시키는 것이다. 온욕은 육지거북이 물을 쉽게 마실 수 있는 기회를 제공하고, 대개 배변을 촉진하는 역할을 하기도 한다. 목욕물의 수위는 등갑과 복갑 사이의 연결부까지 올라오는 정도가 적당하다.

위장삽관(stomach intubation)은 탈수된 개체에게 수분을 공급하거나 구충제와 같은 특정 약물을 투여할 때, 이를 쉽게 진행할 수 있도록 해주는 유용한 기술이다. 위장삽관을 할 때는 플라스틱이나 실리콘 재질의 부드러운 튜브를 주사기에 연결해 사용한다. 거북의 복갑에 튜브를 직접 올려서 필요한 길이를 측정하며, 복갑의 후갑판에서부터 복갑판(전복갑판)과 고갑판(후복갑판) 사이까지가 적절한 길이다. 튜브에 이 길이를 표시해 두도록 한다. 준비한 튜브를 삽입하는 방법은 다음과 같다.

우선 젤이나 식물성 기름을 튜브에 바른다. 튜브를 삽입하기 위해서는 거북의 머리를 위쪽으로 향하도록 수직으로 들어 올린다. 이때 보통 발버둥 치며 앞다리로 밀어내려고 하기 때문에 다리를 잡고 도와줄 사람이 있으면 좀 더 편하게 진행할 수 있다. 목이 충분히 똑바로 펴질 때까지 껍데기에서 머리를 당겨 빼낸다. 말로는

수술이 끝난 후 껍데기의 뼈에 점적주입(drip infusion; 정맥 내로 수액을 주사할 때 그 주입속도를 조절하기 위한 방법, 방울주입이라고도 한다)을 받고 있는 모습

무척 쉬워 보이지만, 덩치가 큰 육지거북은 매우 강한 목근육을 가지고 있기 때문에 결코 쉬운 일이 아니다. 검지로 아래턱을 확실히 잡고 부드럽게 눌러서 위쪽에서 아래로 당긴다. 대부분의 경우 빠른 속도로 실시할수록 제압하기가 더 쉽다. 그런 다음 검지를 하악각(下顎角)[1]에 가져다 댄다. 이때 검지는 마치 재갈을 물린 것처럼 거북이 입을 닫지 못하게 하는 역할을 하며, 대부분의 거북은 입을 벌린 상태를 유지하게 된다.

입천장을 따라 튜브를 이동시키면서 목구멍 쪽으로 부드럽게 삽입하는 것이 좋으며, 이렇게 하면 혀 뒤쪽에 위치한 기관(氣管)을 피할 수 있다. 목을 쭉 뻗은 상태에서 표시해둔 지점까지 튜브가 삽입되면 튜브의 끝은 위 속에 들어가 있는 상태가된다. 천천히 주사기 끝을 눌러서 내용물을 위에 주입한다. 이때 입 안쪽을 잘 주시할 필요가 있다. 만약 식도에서 액체가 올라오는 것이 보이면 즉시 주입을 중단해야 한다. 확실하지 않은 경우에는 소량만 주입하도록 한다. 거북의 위는 그다지 크지 않기 때문에 2kg 이상 되는 큰 개체의 경우라도 10ml 이상 투여해서는 안 된다.

질병의 예방

앞서도 언급했듯이, 지중해 육지거북은 종에 맞는 적절한 환경을 제공하고 잘 관리해준다면 병에 걸리지 않고 건강하게 살 수 있다. 스트레스를 유발하는 요인을 제거한 최적의 환경을 제공할 수 있도록 하고, 자신이 기르는 지중해 육지거북의 상태를 늘 주의 깊게 모니터해서 이상이 있는지 여부를 확인하는 자세가 필요하다. 아울러 정기적인 수의학검사를 받는 것도 질병 예방에 도움이 될 것이다.

---

1   아래턱의 아래쪽 가장자리와 하악지(下顎枝; 아래턱의 양쪽 뒷부분)의 뒤쪽 가장자리가 둔각을 이뤄 교차하는 부분. 일반적으로 귀 아래쪽에 위치하는 아래턱의 꺾이는 부분을 가리킨다.

02
section

흔히 걸리는
질병 및 대책

사육주가 세심하게 관리를 했다 하더라도 여러 가지 요인에 의해 건강문제가 발생할 가능성은 늘 존재하므로 이와 관련한 내용을 숙지하고 매일 모니터하는 습관을 들이도록 하자. 이번 섹션에서는 지중해 육지거북에게 발생할 가능성이 있는 여러 가지 질병의 원인과 증상, 진단 및 치료법에 대해 알아본다.

감염성 질환(infectious disease)

육지거북에서 흔히 볼 수 있는 감염성 질환으로는 콧물증후군(runny nose syndrome, RNS)을 들 수 있으며, 개체를 쇠약해지게 만드는 질병이다. 콧물증후군과 관련된 감염원에는 거북헤르페스바이러스(Chelonian herpesvirus) 및 미코플라스마(*Mycoplasma*; 분류학상 세균과 바이러스의 중간적 위치에 있는 미생물)가 포함되지만, 일부 경우에 있어서는 일반적인 건강악화 또는 내부종양과 같이 명확하지 않은 문제들과 관련돼 있을 수도 있다. 그러나 콧물증후군은 하나의 원인에 의해서만 나타나는 질병은 아니다. 콧물증후군에 대한 검사는 비강분비물을 채취해 헤르페스바이러스와 미코플라스

마DNA, 박테리아배양 등의 실험조사를 통해 이뤄지며, 혈액샘플과 방사선사진촬영이 필요할 수도 있다. 터키육지거북(Turkish tortoise, *Testudo graeca ibera*)은 콧물증후군 감염원 중 적어도 한 가지 감염원의 무증상 보균체일 수 있으며, 여러 종이 뒤섞인 사육그룹에서 폐사되는 것은 주로 북아프리카의 그리스육지거북(Greek tortoise, Spur-thighed tortoise, *Testudo graeca graeca*)에 국한돼 있다.

바이러스성 질환(viral disease)

바이러스성 질환으로는 거북헤르페스바이러스감염과 이리도바이러스감염을 볼 수 있다. 거북헤르페스바이러스감염은 육상생활을 하는 모든 거북류에서 나타날 수 있는 심각한 바이러스성 질환이며, 콧물증후군의 일반적인 원인이 된다. 최근까지도 거북헤르페스바이러스감염에 대한 진단은 세포조직이나 비강점액으로부터 분리한 바이러스를 검사하는 방식으로 이뤄졌다. 그러나 이러한 방식은 자주 어설픈 결과를 낳거나, 간 생검(生檢, biopsy)[1]과 같은 조직검사를 거치고 난 이후에야 겨우 진단할 수 있었다. 이제는 샘플에서 헤르페스바이러스DNA를 식별할 수 있는 검사가 개발돼 보다 더 세심하고 정확한 진단을 내릴 수 있게 됐다.

거북헤르페스바이러스감염으로 인해 콧물증후군을 앓고 있는 육지거북은 비염증상이 지속적으로 나타나는데, 질병개체가 흘리는 콧물은 맑고 물기가 많은 것에서부터 진하고 점액질에 이르는 것까지 그 형태가 다양하다. 감염된 거북은 면역억제 증상을 동반하며, 종종 기생충감염[2]이 반복되기도 한다. 식욕은 일반적으로 왕성한 편이지만, 간혹 설사가 보인다. 경우에 따라서는 증상이 진행되면서 빈혈이 동반되고, 활동성이 저하되기도 한다. 간과 혀의 내벽과 같은 다른 기관들도 감염될 수 있는데, 이 경우 감염된 개체는 황달(jaundice)[3]에 걸릴 수도 있다. 2차감염으로 유발된 구내염, 폐렴, 신장병 등으로 인해 폐사에 이르는 경우도 가끔 있다.

---

1 생체검사. 생체에서 질병이 의심되는 부위의 조직 일부를 메스나 바늘로 채취해 질병의 존재 또는 확산양상을 파악하는 검사 방식이다. 2 특히 편모류(鞭毛類, flagellates)감염이 나타난다. 편모류는 단세포생물 중 편모를 가지고 운동하는 종으로 원시적인 원생동물이다. 현재까지 약 6900종이 확인되고 있다. 3 혈색소(hemoglobin)와 같이 철분을 포함하고 있는 특수단백질이 체내에서 분해되는 과정에서 만들어지는 황색의 담즙색소(膽汁色素, bile pigment)가 체내에 필요 이상으로 과다하게 축적돼 눈의 흰자위나 피부, 점막 등이 노란색으로 착색되는 현상을 이른다.

거북헤르페스바이러스감염의 치료를 위해 사람에게 사용되는 항헤르페스바이러스 약품인 아시클로버(Acyclovir)[4]를 이용한 방법이 제안되기도 했지만, 확실한 효과가 증명되지는 않았다. 이리도바이러스감염은 곧 유행할 가능성이 있는 질병이며, 일부 병든 육지거북의 적혈구세포에서 종종 징후가 발견되고 있다. 아직 증명되지는 않았지만, 이리도바이러스(Iridovirus)[5]는 육지거북을 폐사에 이르게 할 가능성이 있는 것으로 보인다.

간 생검을 위해 복갑을 잘라낸 후 복원수술로 접합한 모습. 사진은 그리스육지거북 수컷

세균성 질환(bacterial disease)

육지거북에서 매우 흔하게 발생하는 대표적인 세균성 질환은 농양(膿瘍; 고름집)이다. 파충류에서 보이는 고름은 수분이 거의 없으며, 보통 두툼한 치즈 같은 형태를 띤다. 두꺼운 섬유질 피막이 농양을 감싸고 있어 항생제의 침투를 어렵게 하기 때문에 약물보다는 외과적 처치로 제거하는 것이 더 효과적이다. 사지나 관절, 코와 같이 심장에서 비교적 먼 부위에 농양이 생겼을 때는 방사선 촬영을 통해 농양 아래쪽의 뼈에는 이상이 없는지 확인할 필요가 있다.

■ **중이염**(typanic) : 귀에 발생하는 농양은 흔한 질병이며, 한쪽 또는 양쪽 고막의 비늘이 부풀어 오른 형태로 나타난다. 주로 세균성 구내염(bacterial stomatitis)[6]의 2차감염의 결과로, 유스타키오관(Eustachian tube)[7]을 통해 중이강(middle ear cavity)으로 감염

4 바이러스세포감염의 DNA합성을 저해하는 항바이러스제. 단순 헤르페스 대상포진바이러스, FB바이러스, 사이토메갈로바이러스 등의 헤르페스바이러스군에 대해서 항바이러스 작용을 가지고 있다. 5 2중가닥DNA 유전체를 가진 대형 동물바이러스의 1과. 주로 동물의 병원바이러스로 곤충류 및 개구리, 어류 등 일생 동안 수중생활을 하는 동물에서 검출된다. 전에는 헤르페스바이러스로 분류됐지만, 바이러스의 분자적 성상의 해명으로 독립된 과로 인정됐다. 6 세균의 감염으로 일어나는 구내염의 총칭. 가장 많은 것은 연쇄상구균·포도상구균 등의 혼합감염으로 일어나는 급성괴사성궤양성구내염(急性壞死性潰瘍性口內炎)과 괴저성구내염(壞疽性口內炎)이다. 7 중이(고실, 鼓室)와 인두(咽頭)를 연결하는 관으로 주로 귀 내부와 외부의 압력을 같도록 조절해주는 역할을 한다. 뼈로 둘러싸여 있다. 유스타키오관의 기능이 좋으면 항상 공기로 가득 차 있어 소리자극이 전달되는 통로의 역할을 한다.

뇌의 감염으로 인해 머리가 기울어지는 증상을 보이는 터키육지거북(Turkish tortoise, *Testudo graeca ibera*) 수컷

이 확대된다. 모든 농양에 있어서 치료와 관리는 적절한 항생제 처치와 외과적으로 고름을 제거하는 방법 등을 포함해 거의 유사한 방식으로 이뤄진다.

■**구내염**(stomatitis) : 구내염(또는 입썩음병-mouth rot)은 특히 동면 이후에 자주 발생하는 세균성 질병이다. 혀와 입 뒤쪽, 연구개에서 궤양성이나 출혈성 상처 또는 희끗희 끗한 반점이 발견된다. 바이러스나 곰팡이가 구내염의 원인으로 지목되고 있기는 하지만, 보통 박테리아감염이 중요한 역할을 한다. 통상적인 박테리아배양을 위해 면봉으로 샘플을 채취한 다음, 전신마취를 하고 균을 닦아내는 치료법이 추천된 다. 원인에 따라 항생제나 항진균제를 사용할 수 있다. 구내염에 걸린 육지거북은 스스로 먹이활동을 하지 못하며, 물을 마시는 것도 어렵다.

■**패혈증**(septicaemia) : 패혈증은 혈액 속에 세균이 침입해 그 독소로 인해 심한 중독 증상을 일으키는 질병이다. 피부와 껍데기에서 출혈이 발생하는데, 증상이 심한 경우 체액이 껍데기의 케라틴층 아래에 고이는 것을 볼 수 있으며, 황달증상이 나 타날 수도 있다. 이 경우에는 항생제와 수액투여를 통한 치료가 필수적이다.

■**살모넬라**(*Salmonella*) : 사육하고 있는 육지거북을 통해 살모넬라감염이 발생할 위험에 대해 우려하는 경우가 있기는 하지만, 사육개체로 인한 감염사례는 비교적 드물다. 보통은 위생관리가 제대로 이뤄지지 않고 관리상태가 부실한 탓에 살모넬라가 번성할 수 있는 환경이 갖춰진 데서 감염이 발생하는 경우가 대부분이다.

■**미코플라스마**(*Mycoplasma*) : 미코플라스마는 비강과 눈 주위에 염증을 일으키거나 콧물증후군을 유발하는 박테리아와 같은 유기체들을 지칭한다. 증상은 헤르페스바이러스에서 보이던 것과 유사하다. 장기적으로 감염이 진행될 수 있으며, 일부개체에서는 증상이 전혀 나타나지 않을 수도 있다.

곰팡이질환(fungal disease)

육지거북에서 나타나는 갑썩음증(shell rot)의 대부분의 원인은 박테리아지만, 때때로 곰팡이감염이 원인일 경우도 있다. 갑썩음증은 마른썩음병(dry rot)[8]에 가깝다. 괴사된 조직을 제거한 후 포비돈요오드(povidone-iodine)와 항진균제를 써서 치료한다.

기생충감염(parasitization)

편모충에 감염되면 위장질환 및 식욕감퇴를 유발할 수 있으며, 많은 양의 묽은 설사를 동반하기도 한다. 광학현미경으로 대변을 검사해보면, 엄청난 숫자의 운동성 원생동물을 확인할 수 있다. 이 원생동물은 보통 정상세균총(正常細菌叢, nomal baterial floa)[9]을 이루고 있지만, 숫자가 과도하게 증가하면 질병을 일으키는 원인이된다. 대부분의 경우 다른 질병의 결과로 예기치 않게 폭발적으로 증식하기 때문에 다른 병과의 동시 발병 가능성을 고려해야 한다. 때때로 원생동물인 헥사미타(*Hexamita*)[10]가 신장병의 원인이 되는 경우도 있다.

---

8 건부병(乾腐病)이라고도 한다. 생물체가 마른 상태에서 부패하는 것으로 주로 곰팡이나 미생물의 작용에 의한 경우가 많다.
9 normal microbiota. 생체의 특정 부위에서 서로 평형을 유지하면서 공존하고 있는 각종 미생물집단을 이른다. 평소에는 적정밀도를 유지해 별다른 영향이 없으나 기후나 연령, 면역, 위생 등의 조건이 변화하면 그 숫자가 증가해 동물에게 영향을 미친다.
10 운동성을 가진 편모 원충류 가운데 가장 잘 알려진 종으로 보통 장관 내부에 기생하고 있다.

부적절한 식단, 사육환경이 제공되면 스트레스가 유발되고 균형이 깨짐으로써 기생충에게 유리한 환경이 조성될 수 있다.

■**내부기생충**(worm) : 육지거북의 약 30~40%는 요충(oxyuroidea)과 선충(nematode)에 감염돼 있다. 보통 타키고네트리아(*Tachygonetria*) 종이 발견되는데, 술카스카리스(*Sulcascaris*)와 앙구스티카이쿰(*Angusticaecum*) 등도 발견된다. 타키고네트리아(*Tachygonetria*)는 테스투도속 육지거북의 상재균(常在菌; 생체의 특정 부위에 정상적으로 존재하는 세균)이다.

야생 육지거북의 장에는 여러 종의 기생충이 자연적으로 기생하고 있으며, 위 속의 먹이를 뒤집고 부수는 등 박테리아분해에 도움을 주는 유익한 작용을 한다. 그러나 사육 하에서는 부적절한 식단 및 환경조건이 제공될 경우 스트레스가 유발되고 균형이 깨짐으로써 기생충에게 유리한 환경이 조성된다. 기생충이 대규모로 증식하면 숙주가 섭취한 먹이를 두고 경쟁이 일어나며, 이로 인해 장폐색을 일으킬 수 있다.

앙구스티카이쿰은 큰 기생충으로, 애벌레단계에서는 신체의 조직을 따라 이동하면서 여러 장기에 질병증상을 유발할 수 있다. 수명주기는 아직 규명되지 않았지만, 성체가 되기 위해서는 중간숙주[11]가 필요할 것으로 추정된다. 그러나 중간숙주

---

11 생물이 기생하는 대상으로 삼는 생물을 숙주(宿主, host)라고 하며, 기주(寄主)라고도 부른다. 크게 최종숙주와 중간숙주로 나눌 수 있는데, 유충이 기생하는 숙주를 중간숙주라고 하고, 다 자란 성충이 기생하는 숙주를 최종숙주 혹은 종결숙주라고 한다.

기생충감염은 일반적으로 사육자들이 몇 년에 걸쳐 여러 마리의 거북을 지속적으로 입양하는 경우에 흔하게 발생한다.

를 거치지 않고 바로 최종숙주가 되는 다른 거북에게 옮겨질 수도 있다. 알은 거북의 몸 밖에서도 몇 달 동안 생존이 가능하기 때문에 겨울을 넘기고 다음해 봄에 재감염을 일으킬 수 있다. 거북의 체중 1kg당 50~100mg의 펜벤다졸(fenbendazole) 또는 체중 1kg당 68mg의 옥스펜다졸(oxfendazole)로 1년에 2번 정기적인 구충을 실시할 것을 권장하며, 동면 전후에 이뤄지는 건강검진 때 구충하는 것이 가장 좋다.

기생충감염은 일반적으로 사육자들이 몇 년에 걸쳐 여러 마리의 거북을 지속적으로 입양하는 경우에 흔하게 발생한다. 이 기간 동안 바닥의 흙에는 기생충과 기생충 알이 확실히 문제를 일으킬 수 있는 수준까지 쌓이게 되는데, 거북의 대변에서 기생충을 육안으로 확인할 수 있으며, 때로는 입 안에서 관찰되기도 한다.

이 경우 아무런 문제가 없다가 어느 순간 갑자기 기생충이 나타난 것처럼 보일 수 있다. 그러나 이 기생충들은 먹이나 조류 등을 통해 외부에서 유입된 것이 아니라, 눈에는 보이지 않았지만 오래전부터 존재해 있던 기생충이 폭발적 증식을 통해 수치적 임계치(臨界値, threshold; 어떠한 물리현상이 갈라져서 다르게 나타나기 시작하는 경계의 수치)를 막 넘으면서 비로소 육안으로 확인되는 것이다.

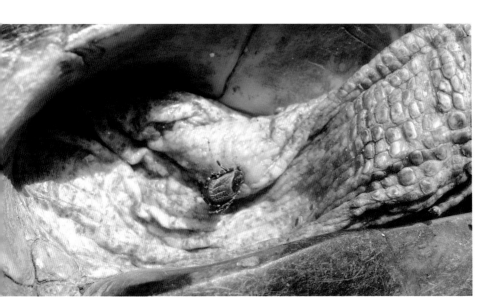
틱이 발견되면 하나하나 제거해줘야 하며, 부착 부위에서 종기나 농양이 발생할 가능성이 있으므로 주의해야 한다.

■**구더기**(fly strike) : 가끔 파리가 배설물이 묻은 부위, 특히 총배설강 주위에 알을 낳아 구더기가 생긴 경우를 볼 수 있다. 구더기가 발견되면 가능한 한 빨리 제거해줘야 하며, 해당 부위는 요오드성 세척제를 이용해 깨끗이 닦아내야 한다. 그런 다음 최대한 빠른 시간 내에 수의사의 진료를 받도록 하자.

■**틱**(tick, 진드기) : 야생에서 채집된 개체인 경우를 제외한다면, 사육 중인 지중해 육지거북에서 틱을 접할 일은 거의 없다. 틱이 발견되면 하나하나 제거해줘야 하며, 부착 부위에서 종기나 농양이 발생할 가능성이 있으므로 주의한다. 구충제인 이버멕틴(Ivermectin)은 정기적으로 폐사개체가 보고되고 있기 때문에 사용해서는 안 된다.

비감염성 질환(non-infectious disease)
병원체의 감염에 의한 전염성 질환 이외의 질병을 비감염성 질환이라고 한다. 비감염성 질환은 대표적으로 식이와 관련해 여러 형태로 발병되는 질환들(무른 변, 단백질과다섭취, 대사성 골질환 등), 비뇨기계와 관련된 질환(통풍) 등을 들 수 있다.

■**식이 관련 질환**(diet related disease) : 잘못된 먹이급여로 인해 발생하는 질병과 여러 가지 문제들은 지중해 육지거북에서 흔히 볼 수 있다. 앞서 설명한 소화기의 해부학적 구조를 참조하면서 식이와 관련된 질환에 대해 살펴보도록 하자.

거식(anorexia) 거식 또는 식욕부진 자체가 질병을 의미하는 것은 아니지만, 건강이상의 징후일 가능성이 있기 때문에 세심하게 살펴보는 것이 좋다. 적정체온(preferred body temperature, PBT)이 유지되지 않으면 거북은 쉽게 먹이를 거부한다. 또한, 추운 날씨에 실외에서 사육되는 육지거북의 경우 날씨가 따뜻해질 때까지 활동을 완전히 멈출 수도 있다. 이는 지극히 정상적인 행동이므로 염려하지 않아도 된다.
일부 수컷, 특히 수 년 동안 단독으로 사육된 북아프리카의 그리스육지거북은 상대적인 거식증이 유발될 수 있는데, 이때 신발이나 돌 같은 무생물에 대한 공격성 또는 성적 관심이 증가되면서 과잉성애행동이 동시에 나타날 수 있다. 이와 같은 증상은 연초에 자주 볼 수 있으며, 동면에서 깬 직후에 나타나기 시작할 수도 있다.
이러한 증상을 보이는 수컷의 경우 정상적인 행동 패턴으로 되돌리기 위해 호르몬 주사가 필요할 수도 있다. 만일 사육온도와 모든 환경조건이 문제가 없는데도 불구하고 거식증상이 나타나는 경우라면, 동물병원을 방문해 감염이나 알막힘과 같은 다른 원인이 있는지 여부를 확인하는 것이 필요하다.

무른 변(loose faece) 무른 변을 배설하는 증상은 과도한 영양섭취, 특히 과일의 비중이 높고 섬유질이 적은 식단을 제공받는 개체에게서 흔히 발생한다. 이러한 유형의 식단을 급여하면 수용성 당분과 전분이 소화되지 않고 많은 양이 장을 그대로 통과한다. 장내에 존재하는 박테리아는 이렇게 통과한 수용성 당분과 전분을 젖산으로 발효시키는데, 이 과정 자체가 설사를 유발할 뿐만 아니라 장내의 pH를 저하시킨다.
이런 현상은 장내에 서식하는 유익한 박테리아를 죽게 함으로써 결국 소화기관에 더 큰 문제를 일으키는 결과를 초래하게 된다. 장내에 지방함량과 단백질함량이 높아지면 박테리아 발효에 영향을 미치게 되고, 장의 내용물이 박테리아에 의해 분해되면서 심한 악취와 기름기 많은 배설물을 만들어낸다.

단백질과다섭취 단백질섭취량이 칼슘섭취량에 비해 지나치게 많은 식단을 제공받고 급격하게 성장하는 육지거북에서 볼 수 있다. 고단백 식단을 급여하면 단백질로 만들어진 구조들은 잘 발달한다. 케라틴질의 인갑, 부리의 날카로운 끝부분과 발톱이 특히 그런 부분이다.

골격을 구성하는 뼈는 단백질과 미네랄성분을 모두 포함하고 있기 때문에 이중고를 겪는다. 저칼슘/고단백의 섭취는 곧 뼈의 비정상적인 발달을 의미한다. 껍데기의 뼈는 적절하게 석회화되지 않으면 약해지고 쉽게 변형되며, 사지의 뼈는 성장하지만 약하기 때문에 거북 자체의 무게로 인해 구부러지고 변형된다. 단백질과다섭취 증상을 보이는 육지거북은 대체로 다음과 같은 기형이 나타난다.

첫째, 인갑에 케라틴이 과도하게 생성되면서 심하게 튀어 오른다. 아래쪽에 위치해 있는 뼈대가 제대로 자라지 않아 위쪽 말고는 새로

1. 껍데기가 플라스틱처럼 보이는 현상은 대부분 식단에 문제가 있음을 시사한다. 사진은 헤르만육지거북 2. 칼슘섭취는 적은 데 비해 과다한 단백질섭취로 고통받고 있는 모습이다. 배갑은 평평하게 펴져 있고, 앞쪽에서 뒤쪽으로 경사져 있다. 껍데기의 표면은 매끈하고 부드럽다. 사진은 그리스육지거북 어린 개체

생성된 케라틴이 자리 잡을 공간이 없기 때문이다. 이때 인갑은 일반적인 건강한 개체에서 볼 수 있는 것과는 달리 플라스틱 느낌이 나는 모습을 띠고 있다.

둘째, 칼슘이 뼈에서 계속 빠져나와 혈류로 이동해 정상적인 근육기능 및 다른 생리활동에 사용되기 때문에 껍데기가 물렁물렁해진다. 껍데기에서 칼슘의 60~70% 정도가 빠져나왔을 때 물렁물렁해지는 현상이 겉으로 드러나기 때문에, 이를 느낄 때쯤이면 그 개체의 건강은 이미 굉장히 심각한 상태에 이르렀다고 할 수 있다. 영향을 받은 개체의 껍데기를 손으로 누르면 쉽게 움푹 들어가는 모습을 볼 수 있으며(이렇게 하면 거북이 고통스러워할 수 있다는 점을 기억하자), 등갑의 앞부분은 머리와 목을 규칙적으로 빼는 행동에 의해 어느 정도 지탱되기 때문에 앞에서부터 뒤쪽으로 기울

만 한 살이 넘은 육지거북의 등갑은 무조건 단단해야 건강한 상태라고 볼 수 있다.

어지게 된다.[12] 이런 개체들은 사지의 긴 뼈와 관절 자체, 특히 무릎관절이 상당히 기형적으로 변형돼 있기 때문에 제대로 걷지 못하는 경우가 많다. 일부 개체의 경우 스스로 몸을 들어 올리는 것조차 불가능한 상태로 증상이 발전되기도 한다.

셋째, 부리가 과도하게 자라나와 있는 경우도 종종 볼 수 있다. 케라틴이 너무 과도하게 생성된 것이 원인일 수도 있고, 상추 잎과 같은 지나치게 부드러운 먹이를 공급한 것이 일정 부분 원인으로 작용했을 수도 있다. 발톱 역시 지나치게 자라나오는 경우가 있는데, 이 또한 케라틴 과다생성으로 인해 나타난 증상일 수 있으며, 거북이 제대로 걸을 수 없어서 발톱이 마모되지 않은 것이 원인이 될 수도 있다.

넷째, 혈중칼슘수치가 극히 낮은 개체들은 매우 쇠약해질 수 있다. 심장의 근육을 포함해 전신의 모든 근육이 제대로 기능하기 위해서는 칼슘이 필요하기 때문이다. 이러한 증상이 심한 거북의 미래는 그다지 희망적이지 않다. 참고로 만 한 살이 넘은 육지거북의 등갑은 무조건 단단해야 건강한 상태라고 볼 수 있다.[13]

---

12 등갑이 전체적으로 골고루 볼륨 있는 타원형의 형태가 아니라, 앞은 볼록하고 뒤는 허물어져 내려앉은 형태가 된다.　**13** 한 살 이하인 어린 개체의 등갑은 원래 성체에 비해 상대적으로 무르기 때문에 이 시기에는 등갑의 강도로 건강상태를 파악하기 어렵다.

껍데기가 너무 부드러운 상태여서 함께 생활하고 있던 개가 물자 쉽게 부서진 모습이다. 껍데기가 무른 증상은 칼슘결핍 또는 자외선과 비타민D3의 결핍으로 나타나는 전형적인 증상이다. 사진은 헤르만육지거북

야생에서 어린 육지거북의 갑장이 10cm까지 도달하는 데 대략 10년 정도의 시간이 필요하다. 사육 하에서 인공 번식된 육지거북이 불과 18개월 만에 성체 크기에 도달했지만 심한 골격기형이 생긴 것을 목격한 적이 있다. 따라서 항상 적절한 식단을 제공해 천천히 성장시키는 것을 목표로 삼는 것이 바람직하다고 하겠다. 위의 사진은 칼슘결핍 또는 자외선과 비타민D3의 결핍으로 인해 나타나는 전형적인 증상이다. 원인은 미묘하게 다르지만 결과는 동일하다. 이러한 모든 증상들은 대사성 골질환(metabolic bone disease, MBD)이라는 용어로 함께 설명되고 있다.

대사성 골질환(metabolic bone disease, MBD) 골질환은 모든 종류의 거북에서 흔히 발생할 수 있으며 사지부종, 골절, 마비와 같은 증상들은 근본적으로 골질환의 전조증상으로 간주해야 한다. '대사성 골질환'은 전적으로 먹이에만 관련된 질병이라고 할 수는 없지만, 대부분 식이와 관련이 있는 골격계 질환이다. 일반적인 원인으로는 칼슘결핍, 칼슘/인의 불균형, 비타민D3결핍, 자외선노출부족, 식이단백질의 결핍 또는 과잉을 들 수 있으며, 간질환과 신장질환 또는 장질환도 원인이 될 수 있다.

대부분의 골격문제는 식단과 밀접한 연관이 있으며, 임상적 징후는 매우 유사하다. 앞서 언급한 단백질과다섭취 때 나타나는 증상들이 그대로 보인다. 사육개체가 이러한 징후를 나타내기 시작하면 즉시 다음의 사항들을 검토해봐야 한다.

첫째, 식단을 점검한다. 현재 자신의 육지거북에게 제공하고 있는 식단의 단백질, 섬유질, 미네랄의 함량을 재검토해 칼슘함유량을 증가시키거나 개선하도록 한다.

둘째, 조명을 점검한다. UV조명이 없는 경우 설치하는 것이 좋다. 현재 우수한 풀 스펙트럼 램프가 시판되고 있으며, 자외선과 복사열을 방출하는 제품도 있다. UV 램프를 설치할 때는 일광욕을 유도하기 위해 적절한 위치(일반적으로 일광욕장소에서 거북의 30cm 위쪽)를 선택하는 것이 중요하며, 정기적으로(8~12개월마다) 교체해줘야 한다. 식이요법이나 주사를 통해 비타민D3를 보충해주는 방법도 고려해볼 만하지만, 자칫하면 지나치게 많은 양을 투여할 수 있기 때문에 주의해야 한다. 셋째, 온도를 점검한다. 야간에는 사육장의 온도를 낮 시간보다 조금 낮춰주는 것이 좋다.

만약 사육개체에게서 심각한 질병증상이나 무기력증, 식욕부진 등과 같은 이상이 관찰된다면, 이런 경우 보통 2차감염이 흔히 발생하기 때문에 가능한 한 빨리 수의사의 도움을 받는 것이 바람직하다. 방사선촬영, 혈액검사 및 기타 검사를 통해 질병의 원인을 확인할 수 있을 것이다. 치료에는 비타민D3주사, 칼슘제주사, 간질환과 같은 기저질환에 대한 원인치료가 포함된다.

간지질증(hepatic lipidosis) '지방간'으로도 불리는 간지질증은 많은 양의 지방이 중요 장기인 간에 축적돼 기능에 악영향을 미치는 질병이다. 간지질증이 나타난 개체는 대부분 들어 올렸을 때 매우 묵직하고, 식욕이 거의 없거나 먹이를 아예 먹지 못한다. 수컷보다는 암컷이 더 자주 영향을 받으며, 배란 선 난소징체(pre-ovulatory ovarian stasis, 번식관련 질환 참조)와 동시에 발생하는 경우도 많다. 갑상선호르몬수치는 낮은 경우가 많으며, 면역력이 떨어지는 데서 오는 2차감염도 흔하게 발생하는 편이다.

갑상선호르몬을 보충하거나 단백동화스테로이드제(anabolic steroids)를 사용함으로써 체내에 축적돼 있는 지방을 태워 신진대사를 자극하는 방법으로 치료가 이뤄진다. 치료효과가 나타나기까지는 여러 달이 걸릴 수도 있다.

간지질증이 나타난 육지거북은 대부분 들어 올렸을 때 매우 묵직하고, 식욕이 거의 없거나 먹이를 아예 먹지 못한다.

비타민A결핍증 비타민A결핍은 종종 관찰되는 증상인데, 지중해 육지거북보다는 붉은귀거북(Red-eared slider, *Trachemys scripta elegans*)에서 더 자주 발견된다. 비타민A가 부족한 개체는 눈꺼풀이 부어오르는 것과 같은 다양한 안과질환 증상이 나타나고, 아래쪽 눈꺼풀 위에 희끄므레한 물질이 축적된다. 콩팥의 미세혈관들도 영향을 받을 수 있는데, 이는 신장손상을 유발한다. 비타민A결핍을 앓는 개체는 먹이를 볼 수 없기 때문에 자연스럽게 식욕부진이 나타나는 경우가 많다. 비타민A보충제를 급여하는 것으로 치료가 이뤄진다. 수의사에게 데려가면 처음에는 주사를 이용해 치료를 시작하고, 이후에는 보충제급여를 통해 지속적으로 관리할 수 있다.

■**비뇨기계 질환**(disease of the urinary system) : 육지거북은 질소폐기물의 대부분을 요산의 형태로 제거하는데, 이는 정상적인 소변에서는 하얀 결정 형태로 관찰된다. 신장질환이나 심각한 탈수증상을 겪고 있는 경우 요산이 소변과 함께 배출되지 않으며, 이때 요산이 신장에서 결정화되면서 심각한 신장손상을 유발할 수 있다.

요산결정은 다른 기관과 관절에도 형성될 수 있으며, 이러한 증상은 통풍(gout)이라는 이름으로 잘 알려져 있다. 통풍은 매우 심각한 상태로서 질병개체에게 치명

적일 수 있다. 통풍은 육지거북에게 발생하는 다양한 질병의 증상들이 발현되는 과정에서 흔하게 관찰되는데, 이는 질병으로 인해 식욕이 감퇴되고 수분섭취가 중단되면 통풍이 촉발될 위험이 계속해서 증가하기 때문이다.

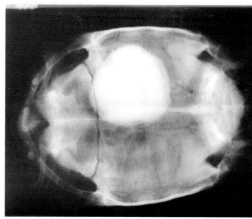
흰색의 덩어리로 나타나는 거대한 방광결석. 사진은 그리스육지거북 암컷의 방사선촬영 이미지

■ **방광결석**(bladder stone) : 방광결석은 특히 어린 육지거북에서 자주 관찰되는 질병이다. 습한 미세기후지역(나뭇가지나 은신처 아래)에 접근하기 어려운 환경에서는 탈수가 발생하며, 이때 탈수가 장기화되면 방광결석이 나타난다. 방광 내에서 요산결정이 형성되는데, 이 결정은 결석이 만들어질 때까지 더 많은 요산을 끌어당긴다. 이렇게 만들어진 결석은 감염이나 방광염의 유발원이 될 수 있다. 간혹 거북의 특정 부위에 힘을 줘 긴장시키는 과정에서 몸 밖으로 배출되기도 한다. 결석이 지나치게 커서 배출되기 어려울 경우 외과적 처치가 필요할 수도 있고, 요산의 추가형성을 막기 위해 알로푸리놀(allopurinol)[14] 치료가 필요한 경우가 생길 수도 있다. 방광결석은 일반적으로 방사선촬영을 통해 쉽게 확인할 수 있다.

■ **익사**(drowning) : 육지거북을 야외에 풀어놓고 기르는 경우 울타리 등으로 접근이 차단되지 않은 연못이나 개울에 빠져 익사하는 일이 발생할 수도 있다. 폐가 등갑의 위쪽 부분에 위치하고 있기 때문에 물에 빠졌을 때 몇 시간 정도는 살아 있을 수 있지만, 이러한 상황이 발생하면 즉시 수의학적 조치를 취해야 한다. 거북을 거꾸로 들고 다리를 계속 당겼다 놨다 하면서 폐에 압력을 가하면, 폐에 고여 있는 물을 배출하는 데 도움이 된다. 오랜 시간 동안 물속에 잠겨 있던 거북은 많은 양의 물을

---

1 4 통풍치료약. 통풍은 요산이 관절조직에 침착한 결과 생기는 염증반응인데, 알로푸리놀은 요산이 되는 체계를 매개하는 크산틴산화효소를 저해함으로써 요소의 생성을 억제하는 효과가 있다.

마신 상태이기 때문에 이뇨제를 투입해 과잉된 수분을 배출하도록 할 필요가 있다. 물을 흡입하면 폐렴으로 이어질 수 있으므로 항생제가 필요한 경우가 많다.

번식과 관련된 문제

번식과 관련해 나타나는 문제는 암컷의 경우 알막힘, 수컷의 경우 생식기탈출증이 대표적이므로 이 부분에 대해 간략하게 소개하도록 한다.

■**알막힘**(egg-binding) : 암컷의 경우 특별한 이유 없이 건강이 악화되거나 안절부절못하고 불안해하거나 지속적으로 힘을 주는 등의 행동을 보이면 알막힘(egg-binding; 난산, 이상분만)의 가능성을 고려해봐야 한다. 알막힘은 두 가지 형태로 나타난다.

배란 전 난소정체(pre ovulatory ovarian stasis, POOS) 알은 난소에서 생성되며, 배란이 되지 않으면 난소에 노른자가 쌓이게 된다. 이렇게 정체된 노른자는 커다란 덩어리로 매달려 자라는데, 이것이 체강 내에서 상당한 공간을 차지하고 있으면서 주위의 장기를 압박할 뿐만 아니라 혈액흐름의 변화나 기타 이상을 유발하게 된다.

알막힘은 초음파검사나 내시경검사로 진단할 수 있으며, 갑상선수치저하와 관련이 있을 수도 있다. 수 년 또는 수십 년 동안 다른 거북을 접하지 못하고 있다가 갑자기 수컷을 대면한 암컷에서도 이런 증상을 관찰할 수 있다. 예를 들어, 다른 사육자의 거북을 잠시 맡아주는 상황에서 두 마리의 거북이 합사되는 경우를 들 수 있겠다. 두 마리가 한 장소에 머물면서 수컷의 갑작스런 출현과 물리적인 자극, 수컷이 발산하는 호르몬으로 인해 암컷의 생식세포의 활동이 유발되지만, 완전한 배란이 일어나지는 않음으로써 알막힘이 발생하게 되는 것이다.

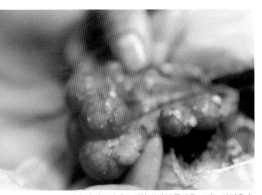
배란 전 난소정체로 인한 알막힘 증상을 보이는 암컷을 수술하고 있는 모습. 난소에 난황이 가득 차 있는 것을 확인할 수 있다. 사진은 헤르만육지거북 암컷

후기배란이상(post-ovulatory) 난관 안에는 발달 정도에서 차이가 나는 껍데기를 가진 여러 개의 알이 존재한다. 방사선촬영으로 금방 형체가 드러나기 때문에 알의 존재는 어렵지 않게 확인이 가능하다. 후기배란의 원인에는 적절한 산란지가 없는 경우와 같은 다양한 환경적 요인을 포함해 낮은 칼슘수치, 골반의 골절 또는 변형, 내부종양 등 여러 가지가 있다. 따라서 정확한 원인을 파악하기 위해서

후기배란이상으로 인한 알막힘 증상을 보이는 개체에게 옥시토신을 주사한 후 알을 낳은 모습. 알은 낳자마자 부서졌다. 사진은 헤르만육지거북 암컷이다.

는 몇 가지 검사를 실시해야 할 수도 있다. 후기배란이상의 증상이 가벼울 경우에는 칼슘과 옥시토신을 주사해 치료하며, 효과가 없다면 복갑을 개봉한 후에 물리적으로 알을 제거하는 방법이 있다. 가끔 알이 암컷의 몸속에 있는 상태에서 깨지는 경우가 있는데, 이는 수컷의 과도한 짝짓기행동으로 인해 발생하는 현상이며 수컷의 생식기가 알껍데기에 균열을 일으키는 것으로 보인다. 깨진 알껍데기가 체내에 남아 있는 경우 암컷의 생식기관 손상과 2차감염으로 이어질 가능성이 있다.

■**생식기탈출증**(prolapsed phallus) : 생식기탈출증은 수컷이 스스로 생식근을 수축시킬 수 없게 되면서 나타나는 증상이다. 이런 상태로 이동하면 생식근이 바닥에 쓸리고 자기 발에 밟히면서 점차적으로 손상된다. 칼슘부족이 원인일 수도 있고, 생식근을 당기는 근육에 손상을 입은 것이 이유일 수도 있다. 또한, 짝짓기 중에 손상이 발생할 수도 있다. 치료를 위해서는 항생물질부여 및 외과적 수술을 동시에 실시한다. 경우에 따라서는 생식근의 절단이 필요할 수도 있다. 수컷의 생식근은 배뇨에는 사용되지 않기 때문에 이 수술을 할 경우 짝짓기능력에만 영향을 미친다.

동면 중 발생할 수 있는 질병
동면기간 중에는 손을 대거나 방해하면 안 된다고 생각하는 사육자들이 많은데,

동면에 들어간 육지거북도 기본적인 관리가 반드시 필요하다. 체중이 비정상적으로 감소하지는 않는지 정기적으로 측정해야 하고, 동면상자 내의 온도와 습도 관리를 적절하게 해야 건강하게 동면을 마칠 수 있다는 점을 기억하도록 하자.

■**갑썩음병**(shell rot) : 야외에서 동면하는 육지거북에서 특히 이런 증상이 나타나는데, 이는 박테리아와 곰팡이 등 토양에 존재하는 유기체들이 인갑을 구성하는 케라틴에 침투해 정착하기 때문이다. 인갑이 움푹 패거나 거칠어지는 증상이 나타나고, 심한 경우 위쪽에 있는 케라틴판이 떨어져나가 아래의 뼈가 노출되기도 한다.

치료를 위해서는 흐물흐물하고 거친 부분을 최대한 많이 제거하고 요오드 용액으로 감염 부위를 정기적으로 세척한다. 최악의 경우 감염된 인갑을 제거해야 할 수도 있다. 제거수술은 매우 고통스러운 과정이기 때문에 보통 전신마취상태에서 시술되고, 항생제나 항진균제를 사용해야 할 수도 있다.

1. 실외에서 동면 중인 그리스육지거북이 설치류로 인해 앞다리에 손상을 입은 모습. 다리의 관절이 노출돼 있다. 2. 다리의 상처 부위를 긁어내고 복갑에 바퀴를 다는 수술을 한 모습. 이 바퀴는 거북이 다리에 체중을 싣는 것을 방지함으로써 회복을 돕는 역할을 한다.

■**설치류로 인한 손상** : 쥐나 다른 설치류가 야외에서 동면 중인 육지거북을 갉아 손상을 입힐 수 있다. 거북이 머리를 보호하기 위해 앞다리를 등갑 앞으로 끌어당기기 때문에 특히 앞다리의 바깥 부분에 피해가 집중돼 있는 경우가 많다. 심한 경우 사지의 뼈나 관절까지 드러날 수도 있다. 시간을 두고 항생제를 투여해 치료할 수 있지만, 증상이 심각하면 절단해야 하는 경우도 있다.

Chapter 06

지중해 육지거북의 번식과 실제

지중해 육지거북을 번식시키기 전에 기본적으로 알아둬야 할 성별구분법 및 동면과정 등에 대해 살펴보고, 실제적으로 번식을 시킬 때 진행되는 과정에 대해 알아본다.

지중해 육지거북의
성별구분법

애지중지 기르고 있는 반려거북의 2세를 본다는 것은 애호가 입장에서 매우 경이롭고 보람 있는 경험이다. 알을 받기 위해 필요한 준비와 과정, 받은 알의 부화를 위해 쏟아야 하는 시간과 노력 등 지중해 육지거북을 번식시키는 것은 결코 쉽지 않은 일이지만, 사육 하에서도 얼마든지 번식이 가능하다는 점을 기억하자.

성공적인 번식을 위해 가장 먼저 해야 할 일은 일단 건강하고 성숙한 암수를 확보하는 일이며, 이를 위해서는 암수성별을 정확하게 구분할 줄 알아야 한다. 거북의 성별을 알면 짝짓기를 할 때나 번식기에 어떤 방식의 관리가 필요한지, 무엇을 기대할지 결정하는 데도 도움이 된다. 이번 섹션에서는 지중해 육지거북을 번식시키기 전에 먼저 암수를 구분하는 일반적인 방법에 대해 간략하게 알아본다.

거북의 경우 형태적으로 성적 이형성이 그다지 뚜렷하게 나타나지 않고 종에 따라서도 조금씩 차이가 있기는 하지만, 몇 가지 기준만 알면 성숙한 성체의 성별을 구분하는 데 큰 어려움은 없을 것이다. 기본적으로 거북의 성별을 구분하는 데 적용되는 외형적인 특징에 대해 살펴볼 텐데, 다음에 설명하는 특성은 테스투도속

이집트육지거북(Egyptian tortoise, *Testudo kleinmanni*) 수컷(왼쪽)과 암컷(오른쪽)

(*Testudo*) 육지거북의 대부분의 성체에도 적용되는 것들이다. 보통 거북의 성별을 구분할 때는 '수컷은 복갑에 오목한 부분이 있다' 또는 '수컷은 꼬리가 더 길다' 등의 기준을 적용하게 된다. 두 가지 특징 모두 일반적으로 맞는 사실이지만, 일부 종에는 해당되지 않는 특징이기도 하다는 점을 염두에 두도록 하자. 지중해 육지거북 암컷의 경우 꼬리 쪽의 인갑에서 약간의 유동성을 보이기는 하지만, 종에 상관없이 다음과 같은 몇 가지 기본적인 특징을 기준으로 거북의 성별을 구분할 수 있다.

꼬리의 길이와 굵기에 따른 성별 구분

거북의 성별을 구분하는 가장 쉬운 방법은 꼬리의 길이와 굵기를 확인하는 것이다. 성체에 있어서 거북의 꼬리는 확연하게 차이가 나는 특징이라고 할 수 있다. 대부분의 거북에서 수컷의 경우 암컷에 비해 꼬리가 굵고 긴 경향이 있으며, 암컷은 수컷보다 꼬리가 훨씬 짧고 가는 편이다. 따라서 거북의 종에 관계없이 꼬리가 길면 수컷, 꼬리가 짧거나 뭉뚝하다면 암컷일 가능성이 크다고 보면 거의 맞다.

헤르만육지거북의 경우 꼬리의 차이에 의해 가장 쉽게 성별을 구분할 수 있으며, 역시 수컷의 꼬리가 암컷의 꼬리에 비해 훨씬 길고 두껍다. 그리스육지거북은 성별에 따른 차이가 뚜렷한 종이며, 꼬리의 길이와 수컷의 오목한 복갑을 확인하는 것이 가장 쉬운 성별구분법이다. 골든그리스육지거북(Golden Greek tortoise, *Testudo graeca terrestris*)이 일반적으로 이 부분에서 전형적인 특징을 나타낸다.

크기에 따른 성별 구분

몇몇 종을 제외하고(설카타육지거북 Sulcata tortoise, *Centro-chelys sulcata*, 레오파드육지거북 Leopard tortoise *Stigmochelys pardalis*, 갈라파코스코끼리거북 Galápagos tortoise *Chelonoidis niger* 등), 지중해 육지거북을 비롯한 대부분의 거북은 보통 암컷이 수컷보다 크고 성장속도도 훨씬 빠르다. 또한, 암컷의 몸통이 더 넓고 무거운 경향이 있다. 튀니지육지거북 (Tunisian tortoise, *Testudo graeca nabeulensis*)의 경우는 암컷이 수컷보다 상당히 큰 경향이 있으며, 헤르만육지거북의 경우 수컷은 암컷에 비해 약 12% 정도 작은 편이다. 예외적으로 붉은다리육지거북(Red-footed tortoise, *Chelonoidis carbonarius*)의 경우는 수컷과 암컷의 크기가 같은 것을 확인할 수 있다.

체색에 따른 성별 구분

거북은 성별에 따라 체색의 차이가 확실하게 나는 것은 아니기 때문에 이를 기준으로 암수를 구분하는 것은 매우 어렵다. 모든 거북에 있어서 껍데기의 색을 기준으로 성별을 구분할 수 있는 것은 아니지만, 일반적으로 수컷은 암컷보다 약간 밝은 색상을 띠는 경향이 있으며, 짝짓기를 할 때 특히 그런 모습을 볼 수 있다. 또한, 일부 종에 있어서는 성숙해짐에 따라 수컷이 암컷보다 짙게 변하는 경향이 있기 때문에 이를 기준으로 성별을 구분하기도 한다.

그리스육지거북(Greek tortoise, *Testudo graeca graeca*) 수컷(왼쪽)과 암컷(오른쪽)

호스필드육지거북(Horsfield's tortoise or Russian tortoise, *Testudo horsfieldi*) 수컷(왼쪽)과 암컷(오른쪽)

등갑의 모양에 따른 성별 구분

몇몇 종에 있어서 등갑의 모양은 거북의 성별을 확인할 수 있는 지표가 된다. 예를 들어 별거북(Indian star tortoise, *Geochelone elegans* / Burmese star tortoise *Geochelone platynota*)이나 힌지백육지거북(Hinge-back tortoise, *Kinixys*)의 경우 수컷은 몸통이 암컷에 비해 더 길쭉한 타원형이고 암컷은 둥근 형태를 띤다. 헤르만육지거북 (Hermann's tortoise, *Testudo hermanni*)의 경우 수컷은 암컷에 비해 등갑의 뒤쪽이 약간 넓은 것으로 성별을 구분할 수 있다.

복갑의 형태에 따른 성별 구분

수컷의 경우 복갑에 현저하게 오목한 부분이 있고 암컷은 평평하거나 볼록하므로 이를 기준으로 성별을 구분할 수 있다. 수컷의 오목한 부분은 짝짓기를 할 때 암컷 등에 쉽게 올라탈 수 있도록 돕는 역할을 하며, 납작하거나 부풀어 오른 암컷의 복갑은 더 많은 알을 옮길 수 있도록 돕는 역할을 한다. 복갑을 확인해 성별을 구분하는 방법은 길이가 최소 10cm 이상이어야 하고 성성숙에 도달해야 유용하며, 6~7년이 지나야 이 차이가 뚜렷해진다. 헤르만육지거북 수컷의 경우는 복갑의 오목한 부분이 다른 거북의 경우처럼 확연하게 드러나지 않고 약간 들어간 정도다.

헤르만육지거북(Hermann's tor-toise *Testudo hermanni*) 수컷(왼쪽)과 암컷(오른쪽)

육안으로 복갑의 모양을 구분하는 것이 쉽지 않을 수도 있는데, 일단 거북의 밑면을 만져 모양이 볼록한지 평평한지 오목한지 확인해보도록 하자. 스트레스를 줄수 있으므로 필요 이상으로 오랫동안 거북을 공중에 떠 있도록 하면 안 되며, 확인후 가능한 한 빨리 평상시 환경으로 돌려보내는 것이 좋다.

항갑판의 모양과 각도에 따른 성별 구분

복갑의 꼬리 끝에 있는 항갑판(anal scute)의 모양을 확인하면 암수의 성별을 구분할수 있다. 'V'자 또는 'U'자 모양의 자국이 보이는데, 수컷은 V자형을 띠고 암컷은 U자형을 띠는 경우가 더 많다. 뚜렷한 모양은 종에 따라 다를 수 있지만, 일반적으로수컷의 항갑판은 보통 넓고 각도가 더 크며, 꼬리가 자유롭게 움직일 수 있도록 가장자리에서 더 멀리 떨어져 있는 것을 확인할 수 있다. 암컷의 항갑판은 좀 더 각도가 작고 가장자리에 가깝게 위치하며, 암컷을 보호하는 기능이 더 강하다.

항갑판 모양의 차이가 거북의 성별을 결정하는 확실한 요소는 아니지만, 다른 여러 가지 요소들과 결합해 활용하면 성별을 구분하는 데 좀 더 도움이 될 수도 있다. 예를 들어 '복갑이 오목하게 들어가 있고 V자형 항갑판을 가지고 있으며, 꼬리가긴 거북의 경우는 수컷'이라고 확신할 수 있다는 식이다.

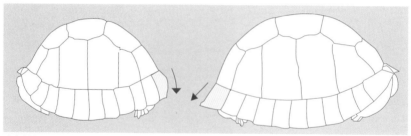

신갑판 형태의 차이로 암수를 구분할 수 있다. 왼쪽이 수컷이고 오른쪽이 암컷이다.

총배설강의 위치에 따른 성별 구분

전문가가 아닌 일반사육자가 거북의 암수를 구분할 수 있는 가장 쉬운 방법은 총배설강의 위치를 확인하는 것이다. 수컷의 총배설강은 암컷에 비해 꼬리시작부분에서 더 멀리 떨어져 있으며, 꼬리 끝에 더 가깝게 위치한다. 수컷의 항문비늘은 암컷의 항문비늘보다 짧고 각도가 더 벌어진 것을 볼 수 있다. 총배설강의 위치를 확인하는 방법은 꼬리의 길이를 확인하는 방법과 함께 일반사육자가 거북의 성별을 구분하는 가장 기본적인 방법이라고 할 수 있다.

신갑판의 형태에 따른 성별 구분

일정 크기로 성장한 거북의 경우 신갑판(supra candal scute)의 형태에 있어서 차이가 뚜렷하게 나타나기 때문에 몸통의 뒷부분을 확인하면 암수를 구별하는 것이 가능하다. 수컷의 신갑판은 볼록하고 안쪽으로 강하게 구부러진 반면, 암컷은 직선 형태를 띠며 상대적으로 평평하고 납작한 것을 볼 수 있다.

이상으로 거북의 성별을 구분할 수 있는 일반적인 특징들에 대해 살펴봤다. 앞서도 언급했듯이, 이와 같은 특징은 대부분의 지중해 육지거북의 성별을 구분하는데도 그대로 적용할 수 있다. 그러나 여기에 언급한 것들 중 한 가지 특성만을 기준으로 판단하는 경우 오류가 발생할 수도 있다는 점을 염두에 둬야 한다. 따라서 최대한 오류를 줄이고 정확하게 구분하기 위해서는 해당 개체가 지닌 특성을 종합적으로 고려해 면밀하게 판단하는 것이 바람직한 방법이라고 할 수 있겠다.

02
section

동면의 이해와
동면시키기

지중해 육지거북은 온도가 떨어지면 동면(冬眠, hibernation)[1]에 들어간다. 앞장에서
도 언급했듯이, 거북은 행동방식에 의해 체온이 조절되는 변온동물이다. 따라서
주위 온도가 지나치게 떨어지면 체온을 적정 수준으로 유지하지 못하게 되며, 그
기간 동안 휴지기(休止期)에 들어가거나 활동성이 저하되는 것을 볼 수 있다. 그러
나 모든 지중해 육지거북이 동면을 하는 것은 아니다. 일 년 내내 더운 지역에 서식
하는 종은 동면을 시키면 안 되는데, 이러한 종들은 자연상태에서도 동면을 하지
않기 때문에 사육 하에서 인위적으로 동면을 시킬 경우 폐사할 수도 있다.

터키육지거북(Turkish tortoise, *Testudo graeca ibera*), 알제리육지거북(Algerian tortoise,
Testudo graeca whitei), 마지네이트육지거북(Marginated tortoise, *Testudo marginata*), 헤
르만육지거북(Hermann's tortoise, *Testudo hermanni*), 호스필드육지거북(Horsfield's or
Russian tortoise, *Testudo horsfieldii*)은 동면을 시켜도 되는 종이고, 모로코나 알제리 지

---

1   동물이 활동을 중단하고 땅속 등에서 겨울을 보내는 일로 겨울잠이라고도 한다. 추위와 먹이부족에 대한 적응현상으로, 육생
의 많은 변온동물과 일부 정온동물에서 동면이 이뤄지는 것을 볼 수 있다.

역에 서식하는 그리스육지거북(Greek tortoise, *Testudo graeca graeca*) 역시 동면을 시켜도 괜찮다. 이집트육지거북(Egyptian tortoise, *Testudo kleinmanni*)과 튀니지육지거북(Tunisian tortoise, *Testudo nabulensis*)은 절대로 동면을 시켜서는 안 되는 종이다. 리비아 지역에 서식하는 그리스육지거북 역시 동면을 시켜서는 안 되지만, 6주에서 8주 정도의 비교적 단기간에 걸친 동면인 경우에는 허용된다.

동면의 신호

동면행동을 유발하는 주요 신호는 늦여름과 이른 가을에 시작되고, 추분(秋分: 낮과 밤의 길이가 같은 날) 이후에 실제로 효과가 나타나기 시작한다. 동면을 유발하는 환경신호는 다음과 같다. 첫째, 주변 온도가 떨어진다. 최고 기온이 낮아지면서 낮에 선선한 날씨가 이어진다. 둘째, 낮 시간이 짧아진다. 셋째, 빛의 세기가 약해진다. 낮의 길이가 짧아지고 태양의 고도가 낮아지면 거북에게 내리쬐는 태양빛의 강도가 약해진다. 광주기와 빛의 세기는 송과체(松果體, pineal gland)[2]에 의해 감지된다.

자연상태에서의 동면

지중해 육지거북이 늦봄에서 여름에 걸쳐 섭취한 먹이로부터 얻은 과잉영양은 지방과 당분으로 전환돼 몸속에 저장된다. 특히 중요한 것은 간에 저장되는 글리코겐(혈당으로부터 생성됨)이라는 물질이다. 지방 또한 간과 다른 장기에 축적된다.

9월 중순부터 거북의 행동이 변하기 시작하는데, 일광욕시간이 길어지고 먹이활동시간이 점점 줄어든다. 최종적으로 10월 말경이나 11월 초순에는 먹이활동이 완전히 중단되고, 동면을 위한 준비에 들어가게 된다. 이후에는 몸속에 남은 노폐물들을 최대한 제거하기 위해서 수시로 대소변을 배출하는 모습을 볼 수 있다.

동면에 들어갈 준비가 되면 환경신호에 따라 스스로 땅을 파거나 야생에서 설치류가 파놓고 버려둔 굴 같은 적당한 피난처(hibernaculum이라고 부른다)를 찾는다. 거북은

---

2 머리 가운데에 위치한 내분비기관으로 솔방울 모양을 띠고 있어 솔방울샘이라고도 한다. 시상하부에 있는 시신경교차상핵(suprachiasmatic nucleus)의 지배를 받아 멜라토닌을 만들고 분비한다. 멜라토닌은 빛에 노출되면 분비가 억제되기 때문에 낮에는 적게 분비되고 밤에는 많이 분비된다. 멜라토닌은 사람의 생체리듬유지에 중요한 역할을 한다. 즉 낮이 되면 일어나고, 밤에는 졸리고 체온이 떨어지는 등의 변화에 영향을 준다.

자연상태에서 10월 말경이나 11월 초순에는 먹이활동이 완전히 중단되고, 동면을 위한 준비에 들어가게 된다.

종종 이런 장소들을 미리 점찍어두고 해마다 같은 장소로 돌아오는 습성이 있다. 거북이 일단 지하로 들어가고 나면 체온조절을 위한 어떤 방식의 행동도 나타내지 않을 것이라고 흔히들 생각하지만, 이는 엄밀히 말하면 사실이 아니다. 거북은 계속해서 주위의 온도를 감지한다. 서리가 심해지는 겨울에는 이를 피하기 위해 땅속으로 더욱 깊이 파고들고, 온도가 상승하면 지표면 쪽으로 파고 올라온다.

초보자의 경우 동면을 '완전히 잠에 드는 활동'이라고 착각하기 쉬운데, 그렇지 않다. '기온이 낮아지면 움직임이 느려진다'는 것을 의미할 뿐, 동면 중의 거북은 여전히 자신의 주위에서 일어나고 있는 일에 반응한다. 또한, 겨울의 차가운 온도조건 하에서는 신진대사가 최소 수준으로 감소되는데, 이 시기의 산소요구량은 극히 미미하기 때문에 호흡은 거의 필요치 않지만 가끔씩이라도 숨은 쉬어야 한다.

동면 중에도 신장의 기능은 계속 유지되며, 소량의 소변을 생산해 방광에 저장한다. 그러나 거북은 동면 중에 소변을 거의 배출하지 않기 때문에 보통 소변의 노폐물로 제거되는 천연독소가 축적되기 시작한다. 생성된 독소 중 하나인 요소는 매우

육지거북은 동면을 끝내고 나서 물을 마셔야 한다. 고양이용 화장실은 수분섭취를 위한 목욕을 시키기에 좋은 도구다.

높은 수준까지 축적될 수 있으며, 동면기간 중 거북은 서서히 탈수상태가 돼가기 때문에 상황은 더욱 악화된다. 물을 마실 수는 없는데 호흡을 하면서 아주 적은 양의 수분을 수증기의 형태로 계속해서 잃게 된다. 참고로 미국의 사막거북(Desert tortoise, *Gopherus agassizi*)을 대상으로 한 연구에서, 동면으로 인해 자연적으로 존재하는 장내 세균총이 사멸했고 이듬해 봄에 다시 생성돼야 한다는 사실을 발견했다(Bjorndal 1987). 이런 현상은 동면을 하는 지중해 육지거북에게도 발생할 가능성이 있다.

동면에서 깨어나기
동면에서 깨어나게 하는 유일한 자극요인은 온도상승이다. 지중해 육지거북은 지하에서 동면을 하기 때문에 빛은 상관이 없다. 약 10℃ 이상의 온도조건이 되면 이러한 각성을 유발하는 것으로 보인다. 동면에서 막 깨어난 거북은 얼마 동안 낮에는 잠시 일광욕을 하다가 밤이 되면 다시 동면지를 파고드는 행동을 하겠지만, 결국 정상적인 행동패턴을 되찾게 된다. 이 시기에 체내 글리코겐 저장소인 간에서 포도당이 대량으로 방출되는데, 이는 거북이 체내에 높은 수준의 노폐물을 지니고 있는 상황에서 필요한 에너지를 공급해주기 위한 것으로 보인다.

요소와 같은 노폐물은 소변을 배출해야만 제거될 수 있다. 거북은 동면에서 깨어난 후 수일 내에 엄청난 양의 소변을 배출하며, 수분을 다시 보충하고 신장을 씻어낼 수 있도록 물을 마신다. 이와 같은 이유로 동면 후에는 수분을 충분히 섭취해야 하며, 사육 하에서는 고양이화장실을 이용해 목욕을 시키면 수분섭취에 효과적이다.

사육 하에서의 동면

지금까지 지중해 육지거북이 자연상태에서 동면에 들어가는 일반적인 상황에 대해 알아봤는데, 사육 중인 개체를 동면시키고자 할 때도 그대로 적용할 수 있다. 영국의 일상적인 날씨라고 가정하면 야외에서 사육되는 거북의 경우 11월 초가 되면 동면을 시작할 것이다. 따라서 10월 중순부터 거북에게 먹이를 급여하는 것을 중단해야 하며, 야외에서 먹이를 찾아 먹을 수 있는 상황이라면 더 일찍 급여를 중단해야 한다. 자연스러운 먹이패턴을 따르도록 하는 것이 항상 최선이라는 점을 기억하자. 사육 하에서 거북을 동면시키는 방법은 다음과 같다.

■**실외에서 기를 경우** : 정원에 풀어 기르는 경우 동면을 시키는 방법은 두 가지가 있다. 첫째, 거북이 스스로 동면장소를 선택하고 자유롭게 동면에 들어갈 수 있도록 맡겨둔다. 지중해 육지거북은 침엽수 아래와 같은, 상대적으로 건조한 지역을 선호하는 것으로 나타났다. 이 방식은 거북이 스스로 알아서 하기 때문에 사육자 입장에서는 사실상 해야 할 일이 거의 없다는 장점이 있다.

단점은 정원 내에 동면에 적당한 장소가 없을 수도 있다는 것이다. 거북은 가능한 한 가장 좋은 장소를 선택하게 되겠지만, 선택한 장소가 동면을 하기에 완벽한 곳이 아닐 수도 있다는 의미다. 설치류 같은 포식자나 홍수 등의 자연재해, 정원사의 존재 등의 위험으로부터 위협을 받을 수도 있다. 또한, 야외에서 동면하는 경우 토양

야외에서 동면한 그리스육지거북(Greek tortoise, *Testudo graeca graeca*)이 야생 쥐의 공격을 받아 앞다리에 상처를 입은 모습. 다리의 관절이 노출돼 있다.

내에 존재하는 박테리아나 곰팡이로 인한 감염이 유발돼 껍데기가 부패하기 쉽다. 둘째, 정원에 동면상자를 묻어준다. 뚜껑이 달린 통이나 그 밖의 크고 깊은 용기를 땅속에 묻은 다음 상자 내부를 피트(peat) 또는 소일(soi)로 채워주면 된다. 동면상자의 뚜껑을 덮으면 내부의 흙은 건조한 상태를 유지할 것이고, 상자의 깊이는 거북이 토양의 온도에 따라 상자 안에서 스스로 위치를 조정하는 데 도움을 준다. 동면에 도움이 되는 많은 장점을 가진 방법이기는 하지만, 거북은 여전히 극단적인 온도에 잠재적으로 노출돼 있다는 점을 염두에 둬야 한다.

■**실내에서 기를 경우** : 동면을 위한 이상적인 온도는 약 5~6℃다. 10℃가 넘으면 동면에서 깨어나기 시작하고, 0℃ 이하에서는 동해(凍害: 추위로 입는 피해)를 입을 위험성이 있다. 따라서 난방을 하지 않는 별채나 창고 등의 적당한 장소를 선정해야 하며, 문에서 실링을 제거한 대형냉장고는 동면과정에 매우 이상적인 장소가 된다. 우선 동면상자로 사용할 용기를 준비한다. 나무, 플라스틱 또는 폴리스티렌 소재를 사용할 수 있는데, 거북이 그 안에서 몸을 돌릴 수 있을 만큼 충분한 크기의 상

스티로폼 박스에 신문지를 찢어넣어 동면상자로 활용하는 것도 매우 좋은 방법이다.

자를 준비해야 한다. 상자를 선택하면 폴리스티렌 칩, 파쇄한 신문지나 볏짚 등의 적당한 보온재를 채워 넣는다(짚을 사용할 경우 질긴 끈이 포함돼 있는지 확인해야 한다. 사지에 휘감겨 심각한 문제를 일으킬 수 있다).

보통 스티로폼(발포 폴리스티렌의 상품명) 박스에 파쇄된 신문지를 넣어 사용하는 방법이 주로 채택된다. 거북은 동면 중에 부득이하게 상자 바닥까지 파고 들어가는데, 이렇게 파쇄된 신문지를 넣어주면 거북이 파헤치더라도 단열이 유지될 수 있다. 보온재 자체는 스스로 열을 발생시키지 않기 때문에 거북의 몸을 따뜻하게 유지해주지는 못하지만, 동면상자 외부의 갑작스러운 온도변화로 인한 충격을 완화시켜주는 역할을 한다.

동면상자의 뚜껑에는 환기가 이뤄지도록 여러 개의 공기구멍을 뚫어줘야 한다. 그런 다음 동면상자 전체가 보온될 수 있도록 단열처리가 된 더 큰 상자 안에 동면상자를 넣는다. 이 상자 또한 당연히 공기구멍이 뚫려 있어야 한다. 동

면 중인 거북의 산소요구량은 아주 낮아 약 10여 개 정도의 환기구멍만으로도 산소가 충분히 공급되기 때문에 과도하게 많은 수의 구멍을 뚫을 필요는 없겠다. 동면 중에는 거북이 있는 공간의 온도를 항상 모니터해야 하며, 최고최저온도계(정원용품점에서 구입)를 사용하면 시간에 따른 온도의 변화를 확인할 수 있을 것이다.

동면을 하는 동안 체중이 감소하기 때문에 거북이 동면에 들어가기 전에 체중을 체크하고, 이후 체중의 변화를 기록해야 한다(측정 및 기록 부분 참고). 평균적으로 매달 1%씩 체중이 감소하므로 규칙적으로 측정하면 동면을 하는 동안 건강상태의 변화를 모니터하는 데 도움이 된다. 동면 중인 거북의 상태를 확인할 때 고온에 노출되지 않도록 주의하기만 한다면, 이러한 과정 자체가 동면을 방해하지는 않을 것이다. 거북이 종종 '쉿' 하는 경고음을 내는 경우도 있지만 말이다. 체중을 측정한 결과, 감소비율이 8~10%선에 가까워지는 경우 동면에서 깨울 필요가 있다.

동면하는 동안 거북이 '수면' 상태에 드는 것은 아니다. 야생에서와 마찬가지로, 특히 온도변화가 감지되면 움직임을 보일 것이다. 그러나 온도가 적절하지 않은 한, 움직임을 보인다고 해서 동면에서 깨워서는 안 된다. 기온이 10℃ 이상 상승하기 시작하면 좀 더 활동성을 띠게 되는데, 이때 동면에서 깨워야 한다. 얕은 물그릇에서 온욕을 시키면 수분을 보충하고 소변을 배출할 수 있도록 자극할 것이다. 거북이 건강한 상태라면 동면에서 깨어난 지 1주 이내에 물을 마시고, 2주 이내에 먹이활동을 시작해야 한다. 그렇지 않은 경우 수의사의 진찰을 받도록 하자.

동면을 시켜서는 안 되는 장소

많은 사육자들이 자신의 사육개체를 동면시키는 것에 대해 불안감을 느끼며, 동면

동면에서 깨어난 후 따뜻한 물을 채운 욕조에서 목욕을 하고 있는 모습

이 거북에게 상당히 위험한 과정이라고 믿는 경우를 볼 수 있다. 그러나 자신이 기르는 종이 자연상태에서 동면을 하는 종이고 또 현재 건강한 상태라면, 이러한 종들에게 있어서 동면은 지극히 정상적인 과정이며 적극 권장돼야 하는 일이다.

동면하기에 부적절한 최악의 장소는 너무 따뜻한 곳이다. 이 경우 일단 동면에 들어간 상태이기 때문에 먹이나 물을 제공받지 못하는 상황이고, 또한 온도가 높기는 하지만 거북 몸속의 생체시계가 스스로를 동면상태라고 인지하고 있기 때문에 먹이활동을 하지도 않는다. 개인적으로 조명으로 인해 너무 따뜻하고 광주기가 교란돼 있는 아가(Aga: 무쇠로 만든 영국산 레인지 겸 히터의 상표명)나 침실(너무 따뜻하고 밝은 환경), 심지어 계단 밑에 만든 수납장 안에서 동면을 시키는 경우를 본 적이 있다.

이런 환경에서 거북은 필요 이상으로 활동성이 남아 있는 상태를 유지하며, 에너지를 축적하기는커녕 오히려 그나마 비축해둔 에너지마저 소모하게 된다. 자연적으로 발생하는 탈수도 더 악화될 수 있다. 이런 개체들은 정상적으로 동면기를 보낸 개체에 비해 동면 이후에 먹이를 거부하는 증상을 보이는 경우가 흔하다.

동면에서 막 깨어난 야생의 그리스육지거북(Greek tortoise, *Testudo graeca graeca*)

동면을 시키지 않는 경우

동면을 시키기에 부적합하다고 알려진 종이나 건강상태가 좋지 않아 동면이 위험할 수 있는 개체의 경우 겨울 동안 내내 깨어 있는 상태를 유지해야 한다. 이를 위해서는 적절한 비바리움이 필요하고(사육장편 참조), 동면을 유발하는 환경적 신호들을 바꿔줄 필요가 있다. 이러한 작업은 추분 전에 시작하는 것이 좋은데, 다음과 같이 지중해지역의 여름 환경을 시뮬레이션해줌으로써 거북을 속여야 한다. 첫째, 거북이 선호하는 30℃까지 체온을 올릴 수 있도록 핫스폿을 제공함으로써 고온을 유지한다. 둘째, 풀스펙트럼 램프를 이용해 14시간의 광주기를 제공하며, 하절기 태양빛의 세기를 느낄 수 있도록 2개 또는 3개의 전구를 사용하도록 한다.

그러나 일부 개체에 있어서는 사육자가 이와 같은 방법을 취해 환경신호를 조절해준다 해도 생체시계의 사이클을 그대로 따라가는 것으로 보이는 경우도 있다. 이런 개체의 경우는 4주 정도의 짧은 동면기를 제공한 다음 다시 깨워 위에 설명한 대로 비바리움에서 유지관리하는 것을 추천한다.

동면 후 거식증

동면 후 거식증(post-hibernation anorexia)은 동면에서 깨어난 후 먹이활동을 거부하는 증상을 말한다. 그 원인은 여러 가지가 있겠지만, 일반적으로는 동면에 들어가기 전에 지방을 충분히 저장하지 못했기 때문일 가능성이 크다. 거북은 일단 비축된 지방과 글리코겐을 모두 소모하고 나면(지용성 비타민도 모두 소모) 에너지와 아미노산 공급을 위해 근육과 기타 신체부위에 있는 단백질을 분해할 수밖에 없다.

단백질대사의 증가는 요소생산의 증가를 야기하는데, 자연적으로도 요소의 수치가 높은 시기이기 때문에 위험한 수준까지 끌어올리게 된다. 실제로 혈류에 있는 요소의 농도가 너무 높아져서 거북의 면역력을 억제하고 식욕을 감퇴시키며, 신장의 기능을 떨어뜨린다. 이런 개체는 먹이활동을 위한 연료로 쓰기 위해 저장해둔 글리코겐이 남아 있지 않기 때문에 혈당수치가 매우 낮아지고, 단백질분해가 어렵게 되면서 요소수치는 더 높아지는 악순환을 겪게 된다. 또한, 이런 개체들은 면역력이 저하돼 2차 박테리아감염, 특히 구내염과 패혈증에 쉽게 노출된다.

동면 후 거식증에 대한 치료는 장기화될 수 있으며, 수의사는 거북의 신체상태를 알아보기 위해 혈액검사나 기타 검사를 실시할 수 있다. 일반적인 치료방법은 다음과 같다. ① 탈수증을 바로잡는다. 처음에는 정기적으로 온욕을 실시하고, 만약

정원에서 동면을 한 후 연갑판(marginal scute, 테두리판)에 갑장썩음병이 발생한 모습. 사진은 그리스육지거북

거북이 며칠이 지나도 물을 마시지 않는다면 위관(胃管, stomach tube; 인공급여를 위해 혹은 위세척을 하기 위해 위에 직접 삽입하는 가는 튜브) 삽입을 통해 수분을 공급해줄 필요가 있겠다.

또한, 경구수분보충제를 사용하는데, 보통 하루에 거북 체중의 약 4% 정도를 급여한다. 예를 들어 거북의 체중이 1kg인 경우 40ml를 매일 2~3회 복용할 분량으로 나눠 투여한다. 탈수를 해결하는 것(혈액의 요소수치를

낮추고 배뇨를 촉진함)이 거식증의 회복에 결정적이라는 사실은 아무리 강조해도 지나치지 않다. ② 질병개체의 비타민수치가 매우 낮은 상태일 것이 확실하기 때문에 구강투여 또는 주사를 통해 비타민을 공급해줘야 한다.

③ 거북을 '깨어 있는 상태'로 유지하기 위해 앞서 설명한 대로 사육장으로 옮긴다. 특히 UVA는 먹이활동을 포함한 정상적인 행동을 유도하는 데 도움이 된다는 점을 기억하자. 그런 다음 위관을 통해 대체식을 급여한다. 현재 현탁액의 형태로 위관을 통해 급여 가능한 크리티컬 케어(Critical Care; Oxbow)나 리커버리 다이어트(Recovery Diet; Supreme Pet Foods) 등 초식동물을 위한 좋은 제품들이 시판되고 있다. 이런 제품들을 구하기 어렵다면 유아식(우유나 유제품이 포함돼 있지 않은, 채소를

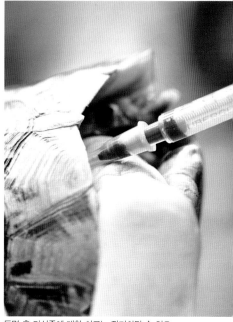

동면 후 거식증에 대한 치료는 장기화될 수 있으며, 수의사는 거북의 신체상태를 알아보기 위해 혈액검사나 기타 검사를 실시할 수 있다.

기반으로 한 것)이 효과적인 대안이 될 수 있다. 처음에는 일주일에 두 번 먹이를 급여해야 한다. 수의사는 경우에 따라 목의 측면을 절개해 위관을 삽입하는 '인두절개삽입술(pharyngostomy)'을 제안할 수도 있다. 사육자 입장에서 끔찍하게 들릴 수도 있겠지만, 스트레스 없이 먹이를 쉽게 급여할 수 있는 매우 유용한 방법이다.

④ 먹이에 프로바이오틱(probiotic; 인체에 이로운 미생물의 성장을 촉진하는 생균)을 섞어 급여한다. 이와 같은 박테리아 군집체는 정상적인 먹이활동과 소화를 돕는 안전한 유익균들로서 무너진 거북의 장내 환경을 재건하는 데 도움이 된다. ⑤ 구내염과 같은 특정 질병 상태를 해결해야 하며, 백내장에 의해 발생할 수 있는 실명 여부를 검시해야 한다. 때때로 이런 증상은 동면 중 지나치게 낮은 온도에 노출된 후에 발생한다. ⑥ 치료를 지속한다. 어떤 개체는 정상적으로 먹이를 먹기 시작하기까지 몇 주 심지어 몇 달이 걸릴 수도 있으므로 치료가 꾸준하게 이뤄져야 한다.

번식의 과정

암수 쌍이 확보됐으면 이제 본격적으로 번식프로그램에 돌입할 수 있다. 일반적으로 번식의 과정은 〈동면을 위한 모체 관리 → 쿨링/사이클링(cooling, cycling; 동면준비와 동면) → 메이팅 → 산란 → 인큐베이팅 → 부화 → 부화 후 새끼의 관리〉 순으로 진행된다. 동면에 관해서는 이전 섹션에서 대략적으로 살펴봤으므로 이번 섹션에서는 이후 과정을 알아본다. 동면을 위한 모체 관리와 동면과정에 대한 좀 더 자세한 내용은 〈낮은 시선 느린 발걸음 거북〉(씨밀레북스)을 참고하도록 하자.

야생에서의 번식

자연상태에서 지중해 육지거북 암컷은 일 년에 1~3개의 클러치(clutch; 동배, 한 번 낳을 때의 알이나 그 새끼)를 생산한다. 각각의 클러치마다 평균 2~12개 정도의 알이 포함돼 있는데, 알의 수는 산란하는 암컷의 나이와 크기에 따라 상이하다. 이집트육지거북(Egyptian tortoise, *Testudo kleinmanni*)의 경우는 예외적이다. 이집트육지거북 암컷은 한 번에 한 개 또는 간혹 두 개의 알을 낳으며, 몇 달간의 휴면기에 들어가기 전

1. 터키육지거북(Turkish tortoise, *Testudo graeca ibera*) 수컷의 복갑. 수컷은 암컷에 비해 긴 꼬리와 오목한 복갑을 가지고 있다.　2. 터키육지거북 암컷의 복갑. 암컷의 복갑은 평평하고 꼬리는 더 짧다.

에 알의 개수가 모두 4~5개가 될 때까지 매달 산란이 이뤄진다. 짝짓기행동은 보통 동면을 마치고 난 직후인 이듬해 봄에 나타난다. 헤르만육지거북(Hermann's tortoise, *Testudo hermanni*)의 경우 수컷의 성호르몬 수치는 동면에서 막 깨어난 시기에 가장 높으며, 4~6월(nesting period) 동안은 낮게 유지되다가 정자생산이 최고조에 달하는 여름에 다시 수치가 상승한다(Huot-Daubremont, 2003년). 수컷의 경우와는 달리 암 컷의 성호르몬 수치는 휴면기간 동안 최고조에 달하고, 생식세포가 발달하는 여름 까지 내내 높은 수치를 유지하는 경향이 있다.

메이팅(mating, 교미) 행동
거북의 짝짓기는 생각하는 것만큼 쉽게 이뤄지지 않는데, 이는 거북이 단독생활을 하는 동물이기 때문이다. 수컷과 암컷이 만날 기회는 상대적으로 부족하고, 당연 히 짝짓기를 할 기회도 그만큼 적다. 이런 이유로 거북은 기회가 있을 때마다 짝짓 기를 할 것이고, 이것이 거북 행동의 많은 부분을 설명하는 데 도움이 된다.
수컷은 번식욕이 왕성해서 다른 수컷을 몰아내고 가능한 한 여러 암컷과 짝짓기를 시도하며, 최대한 많은 알을 수정시킬 기회를 만든다. 번식준비가 된 상태일지라도 암컷은 수컷의 구애를 쉽게 받아들이지 않고 수컷이 오랜 시간 따라다니도록 한다.

수컷의 구애행동은 다소 거칠게 보일 수도 있다. 터키육지거북(Turkish tortoise, *Testudo graeca ibera*) 수컷은 암컷이 도망가는 것을 막기 위해 암컷의 진로를 가로막는다. 자신의 복갑 앞부분으로 암컷을 밀어붙이는 행동을 보이는데, 이때 암컷은 수컷의 건강상태와 체력이 새끼의 아버지가 되기에 적합한 수준인지 여부를 가늠할 수 있다. 암컷은 정자를 최소 몇 개월 동안 저장하는 능력을 가지고 있기 때문에 한 번의 짝

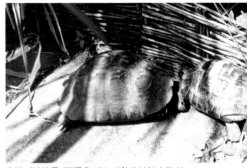

수컷 거북의 구애행동은 다소 거칠게 보일 수도 있다. 사진의 터키육지거북(Turkish tortoise, *Testudo graeca ibera*) 수컷은 암컷이 도망가는 것을 막기 위해 암컷의 진로를 차단하고 있다.

짓기만으로도 여러 개의 클러치를 수정시키기에 충분한 양의 정자를 얻을 수 있다. 알을 생산하기 위해서는 많은 에너지가 필요하므로 암컷의 입장에서는 부적합한 수컷에게 에너지를 낭비해서는 안 되며, 짝짓기를 할 기회가 흔치 않기 때문에 짝짓기행동이 나타날 때 암컷이 얻을 수 있는 최고의 짝을 선택해야 한다.

짝짓기의 과정은 그 자체만으로도 고된 작업이다. 일단 암컷이 교미를 허락하면 수컷은 암컷의 뒤쪽으로 올라타서 암컷의 총배설강에 생식근을 삽입시키려고 한다. 암컷은 이러한 행동을 보조하기 위해 뒷다리를 뻗어 총배설강을 지면으로부터 최대한 들어 올린다. 일부 종에서는 이러한 행동이 거의 반사적으로 나타난다. 헤르만육지거북(Hermann's tortoise, *Testudo hermanni*) 암컷은 등갑의 중반부에 가해지는 압력에 반응해 몸 뒤쪽을 들어 올린다. 교미하는 동안 수컷은 소리를 낼 수도 있는데, 특히 이집트육지거북(Egyptian tortoise, *Testudo kleinmanni*)은 교미 중에 새 울음소리와 비슷한 독특한 소리를 내는 것을 볼 수 있다.

산란

정상적인 상황에서 일반적으로 수컷은 임신한 암컷에게 전혀 신경 쓰지 않는다. 짝짓기(그리고 후에 알이 수정되는 때까지)를 마치고 산란하기까지 걸리는 시간은 암컷의 정자보관능력에 따라 8주에서 길게는 2년까지 차이가 난다. 배란은 여러 가지 내

그리스육지거북(Greek tortoise, *Testudo graeca graeca*) 수컷이 짝짓기를 위해 암컷의 등 위로 올라타는 모습

부적 혹은 외부적 요인에 좌우된다. 배란을 유발하는 가장 확실한 자극은 성적으로 활동적인 수컷의 존재이며, 특히 귀찮게 하거나 다른 방식으로 암컷을 자극하는 수컷이 그렇다. 페로몬도 중요한 역할을 한다. 난자가 난관에 이르게 되면 하나의 정자에 의해 수정이 이뤄지고, 점차 아래로 이동하면서 수정란에 막이 씌워진다. 그러다가 마지막으로 수정란의 바깥쪽 표면에 칼슘질의 껍데기가 덮이게 된다. 일단 이렇게 한 클러치의 알이 마련되면 암컷은 산란할 준비가 된 것이다.

■**알자리의 선택**: 암컷은 토양의 질감 등 여러 가지 조건들을 고려해 적당한 산란장소를 선택하게 되지만, 산란지 선정에 있어서 가장 중요한 요소는 온도다. 산란지의 표면이 충분히 따뜻해야 하며, 약8~12주 동안 25~30℃ 정도가 유지돼 알의 자연부화가 가능할 만한 곳을 선택한다. 암컷은 자신이 선택한 장소의 냄새를 맡는데, 이는 해당지역의 온도를 측정하기 위한 행동으로 보인다. 최종적으로 알자리를 정하기 전에 뒷다리로 몇 개의 구덩이를 파면서 지표면 아래의 온도를 다시 확인할 수도 있다. 일부 개체의 경우 산란하기에 적당한 장소가 없다고 판단하면 아예 알을 낳지 않기도 한다. 이 경우 알은 생식기관에 그대로 머무르게 되고, 결국에는 문제를 일으

산란 중인 헤르만육지거북(Hermann's tortoise *Testudo hermanni*) 암컷

킨다. 알 위에 칼슘질의 껍데기가 한꺼풀 더 생기기도 하는데, 이 껍데기로 인해 알의 크기가 지나치게 커져서 산도를 통과할 수 없게 된다. 산란이 시작되면 암컷은 알을 묻을 구멍을 파고, 한 클러치의 알을 모두 낳고 나면 흙으로 알자리를 꼼꼼하게 덮는다. 이후부터는 알이나 새끼를 돌보는 데 더 이상 관여하지 않는다.

■**알자리의 적절한 조건 :** 사육환경에 있는 거북에 있어서는 사육자가 인위적으로 적절한 산란공간을 마련해줄 필요가 있다. 하이필드가 지중해 육지거북의 경우 사육자가 산란공간을 제공할 때 적절한 조건은 다음과 같아야 한다고 이야기한 바 있다. 첫째, 완만한 경사를 이루며 가급적 남향이어야 한다. 둘째, 배수가 잘 되는 사질토양이어야 한다. 놀이용 모래와 상토를 6:4의 비율로 혼합한 것이 주로 사용된다. 셋째, 해가 잘 들고 건조한 곳이어야 한다. 지중해 육지거북은 보통 따뜻하고 화창한 날 오후에 산란을 한다. 넷째, 바닥의 깊이가 적절해야 한다. 대략의 기준으로는 뒷다리 길이에 체장의 70 %를 너한 정도의 깊이는 돼야 한다. 다섯째, 실내사육장에 마련해주는 경우 이러한 산란공간의 넓이는 최소한 약 1㎡는 돼야 하고, 히팅 램프를 설치해 산란장소 표면의 흙을 데울 수 있도록 해줘야 한다.

전란(轉卵, turning egg, 알굴림)

부화가 잘 되도록 알을 수직상태에서 앞으로 45~90°, 뒤로 45~90°로 기울여주는 것을 말한다. 조류의 경우 부화 초기에 배아가 난각막(卵殼膜)에 달라붙는 것과 부화 후기에 난황과 요막이 유착하는 것을 방지하며, 혈관맥의 발달로 배아의 호흡과 영양흡수를 촉진시키고, 융모성 요막의 발달로 난각으로부터 칼슘흡수를 촉진시키기 위해 전란을 실시한다. 전란을 하면 혈관의 성장을 자극해 노른자로부터 영양분섭취를 최대화함으로써 배아의 발달을 촉진시키는 효과가 있다.

그러나 파충류의 경우 일반적으로 알려져 있듯이, 산란를 하면 인큐베이터로 알을 옮기기 전에 알의 윗부분에 알아볼 수 있는 표시를 하는 것이 상식으로 받아들여지고 있다. 산란 후 몇 시간 이내에 파충류 배아는 난자 상단으로 올라와 내막에 고착되기 시작하는데, 이처럼 배아가 부착된 후 알이 움직이게 되면 노른자의 무게로 인해 정상적인 발달을 방해받거나 비늘 세포가 난황이나 배아막에 손상을 줄 수 있다고 알려져 있다. 실제로도 파충류 알을 흔들거나 뒤집어 부화시켰을 때 새끼의 기형이나 돌연사의 빈도가 높아진다는 연구결과가 있다. 산란 후 얼마 지나지 않아 파충류(특히 뱀)의 알은 서로 달라붙어버리는데, 이러한 현상의 원인 가운데 하나이 알의 흔들림이나 뒤집힘을 방지하기 위해서 전란을 실시하지 않는 것이라고 추정되고 있다. - 역자 주

인큐베이팅

조류의 알과는 달리 거북은 전란(轉卵, turning egg)이 필요하지 않기 때문에 비교적 간단하게 인큐베이터를 마련할 수 있다. 파충류용으로 시판되는 기성 인큐베이터 제품을 구입할 수도 있지만, 사육자가 직접 자작해 사용하는 것도 가능하다. 자작하는 경우 내열용기라면 어떤 것이든 인큐베이터로 이용할 수 있다. 예를 들어, 다 쓴 마가린 통 같은 작은 용기를 깨끗이 세척해 준비하고, 여기에 깨끗한 모래와 흙 또는 버미큘라이트(vermiculite)[1]를 인큐베이션용 바닥재로 깔아주면 된다.

■알의 이동과 인큐베이션 : 인큐베이터가 준비되면 작은 램프, 세라믹 히터 또는 히팅패드와 같은 열원을 자동온도조절기에 연결해 알 옆에 설치해 관리해야 한다. 또한, 정확한 온도계와 습도계도 필요하다. 이런 제품들은 파충류용품 숍에서 어렵지 않게 구할 수 있다. 바닥재를 살짝 눌러 오목하게 만든 다음 각각의 알을 올려 자리를 잡는다. 인큐베이터에 알을 넣을 때 꼭 묻을 필요는 없으며, 이후에는 알을 더 이상

1   버미큘라이트는 질석을 약 1000℃로 구운 것이며, 원래는 배합토의 재료로 파종, 삽목, 분실용토로 사용된다. 무게는 모래의 1/15 정도로 가볍고 보온성과 통기성 및 보수성이 우수하며, 무균상태이므로 파충류의 알을 부화시키는 용도로 많이 사용되고 있다. 유리질 화산암인 진주암의 분쇄물을 고온 베이킹로에 넣어 순간적으로 열을 가해 팽창시킨 펄라이트(Pearlite) 역시 부화용 소재로 많이 쓰이는 소재다.

만지지 말아야 한다. 하루 한 번씩 알상태를 점검하기 위해 뚜껑을 여는 동안만이라도 약간의 환기가 이뤄져야 하기 때문에 인큐베이터를 완전 밀봉해서는 절대 안 된다. 알을 넣은 다음 라벨지에 종명과 산란일자 등의 정보를 기록한 후 부착한다. 온도에 따른 성별결정(temperature dependant sex determination, TDSD)이 이뤄지는 종에게 부화온도는 특히 중요하다. 껍데기가 딱딱한 테스투도속 종은 요구되는 습도가 낮지만, 지나치게 낮은 경우 알이 마를 수 있다. 매뉴얼상의 부화온도는 30~31℃, 습도는 70~80%가 적정선이다.

■**지중해 육지거북의 부화기간** : 부화기간은 부화온도에 따라 상당한 차이를 보이므로 다음 페이지 표의 내용은 기본적인 가이드로 생각하자(온도가 낮을수록 부화기간은 더 길어진다). 발생초기에는 경우에 따라 동일한 클러치 내에서도 일부 알이 휴면상태가 되거나 일시적으로 발생이 정지되는 현상이 일어나기도 하는데, 일정기간 동안 알의 발달을 방해함으로써 시차를 두고 부화하도록 만드는 것이다. 이는 수정란이 같은 속도로 발생해 한꺼번에 부화하면 야생의 불리한 환경조건에 새끼들이 동시에 노출되기 때문에 그러한 위험을 감소시키기 위해 적응한 진화의 결과로 보인다.

■**미수정란이 발생하는 이유** : 거북 성체는 다양한 원인에 의해 미수정란을 생산할 수 있지만, 때로는 성체의 영양상태가 나빠 알이 성장하지 못하는 경우도 있다. 헤르만육지거북 알에 대한 연구(Work on Herman's tortoise eggs, Speake et al 2001)에 따르면,

노른자는 DHA(docosahexaenoic acid)[2]와 비타민A 수치가 낮다. DHA와 비타민A는 모두 발달 중인 배아에 필수적인 영양소이며, 성체의 식단에 이러한 영양성분 또는 알파리놀렌산(alphalinolenic acid)[3]이나 베타카로틴(β-carotene)[4]이 부족하면 알 속에 있는 배아의 발생이 진행되지 않을 수도 있다. 당근과 피망 등 빨강, 노랑, 주황색 채소를 급여하는 것이 이러한 영양성분을 공급하는 데 도움이 된다.

알의 수정 여부를 확인하기 위해서는 검란작업을 거칠 수 있다. 검란은 알 뒤쪽에 밝은 빛을 비춰 알 내부의 상태를 육안으로 확인하는 방법이다. 만약 커다란 배아가 존재하고 있다면 그림자로 비쳐 보일 것이다. 간혹 발생이 거의 종료돼가는 시점까지도 이 그림자가 확인되지 않는 경우도 있는데, 이는 알 속의 배아가 투과되는 빛을 차단할 정도로 높은 밀도를 가지게 됐기 때문인 것으로 보인다.

■**부화에 실패하는 이유** : 알이 부화되지 않는 데는 여러 가지 이유가 있으며, 다음과 같은 사항을 고려해볼 필요가 있다. 우선 온도가 부적절한 경우로, 온도가 너무 낮거나 높으면 배아가 폐사할 수 있다. 습도가 부적절한 경우 역시 부화에 실패하게 된다. 지중해 육지거북의 알은 일반적으로 낮은 습도에 대한 저항력을 가지고 있지만, 가능한 한 70~80%의 습도를 유지해줘야 한다. 지나치게 낮은 습도나 알 위

---

2 탄소원자가 이중결합으로 연결된 사슬 모양의 구조를 갖는 오메가-3계열의 다가 불포화지방산의 일종. 세포막의 유동성을 증가시켜주는 물질로 알려져 있다.　　**3**　불포화지방산인 오메가-3지방산으로서 체내에서 EPA(eicosapentaenoic acid)와 DHA(docosahexaenoic acid)로 전환되는 전구물질(Precursor). 세포를 보호하고 세포구조를 유지시키며, 혈액의 피막형성을 억제하고 뼈의 형성을 촉진하고 강화하는 작용을 한다.　　**4**　자연계에 존재하는 500여 종류의 카로티노이드(carotenoid) 중의 하나. 비타민A의 전구체로서 항산화작용, 유해산소의 예방, 세포건강유지 등의 작용을 한다.

를 지나는 강한 공기의 흐름은 과도한 수분손실을 유발해 탈수와 배아폐사로 이어질 수 있다. 인공부화의 과정에서 25% 이상 무게가 줄어든 알은 부화하기 어렵다. 산소 및 이산화탄소의 수치가 적절하지 않을 때도 부화에 실패한다. 알에서 성장 중인 거북은 폐가 아니라 알껍데기를 통해 호흡을 한다는 사실을 기억할 필요가 있다. 껍데기 안쪽에는 혈관이 잘 분포된 막이 위치하고 있는데, 미세한 구멍을 통해 들어온 산소를 받아들이고 이산화탄소를 같은 방법으로 내보낸다. 알상자나 인큐베이터가 완전히 밀폐돼 있다면 산소농도가 감소하고 이산화탄소의 수치가 위험수준까지 상승할 수 있다. 매일 또는 이틀에 한 번씩 인큐베이터 뚜껑을 잠시 여는 것만으로도 이러한 일들이 일어나지 않도록 간단하게 예방할 수 있다.

일단 알이 자리를 잡고 나면 배아(이 단계에서는 세포의 집합체로만 구성돼 있다)는 알의 가장 높은 지점까지 서서히 이동해 최종적으로는 노른자 위에 자리를 잡게 된다. 24시간에서 48시간이 지나면 배아는 내부 세포막인 요막(尿膜)에 붙는다. 이 요막은 산소의 호흡과 이산화탄소의 배출, 껍데기로부터 칼슘흡수, 발생과정에서 생기는 유해한 폐기물을 저장하는 등의 역할을 한다. 이렇게 배아와 요막이 서로 연결되는 것은 필수불가결한 현상이지만, 사실 이 결합은 끊어지기가 매우 쉽다.

산란이 이뤄진 후 24시간 이내, 부화기간 중 약 20일까지는 알이 회전할 경우 배아가 요막에서 떨어지게 돼 폐사할 수 있다. 따라서 산란장소에서 알을 수거해 인큐베이터로 옮기는 작업은 24시간 이내에 이뤄져야 하며, 알을 다룰 때는 항상 회전되지 않도록 주의해야 한다. 알을 옮기기 전에 마커펜 등을 이용해 어느 쪽이 위쪽인지 알 수 있도록 상단에 표시를 해두는 것이 좋다.

부화

인큐베이션이 진행됨에 따라 껍데기의 석회층에 있는 칼슘이 성장 중인 거북에게 흡수되면서 알의 두께가 점점 얇아진다. 거북 해츨링의 코에는 난치(卵齒, egg tooth)라고 불리는 작은 돌기가 있는데, 이 난치를 이용해 알껍데기에 균열이 생길 때까지 긁어댄다. 간혹 껍데기에 구멍이 뚫리고 돌기에 이가 빠질 경우 해츨링은 잠시 휴식을 취하기도 한다. 이후 성체의 완벽한 축소판 같은 새끼거북이 껍데기 밖으

해츨링이 부화하고 있는 모습. 사진은 헤르만육지거북(Hermann's tortoise *Testudo hermanni*)

로 나오게 된다. 대부분 갓 태어난 해츨링은 몸이 구부러진 것처럼 보이는데, 이는 알이라는 제한된 공간에 있었기 때문에 나타나는 불가피한 현상이다. 24시간이 지나면 차츰 형태를 가다듬게 된다.

간혹 몇몇 개체는 알껍데기를 벗어나는 데 어려움을 겪는 것처럼 보이기도 한다. 이런 경우 사육자 입장에서는 안타까운 나머지 새끼가 부화에 성공할 수 있도록 돕고 싶은 마음이 들겠지만, 주의할 필요가 있다. 알껍데기에서 빠져나오지 못하고 있는 해츨링들은 미처 다 흡수하지 못한 커다란 난황낭(yolk sac)을 달고 있는 경우가 많은데, 알껍데기 안쪽에 줄지어 있는 혈관은 여전히 제 기능을 하고 있기 때문에 출혈이나 부상 등 심각한 위험이 발생할 가능성이 있고 손상되기도 쉽다.

부화 후 새끼의 관리

갓 부화한 해츨링은 처음 며칠 동안은 난황낭으로부터 영양을 공급받을 수 있다. 그렇다고 해서 느긋하게 생각하기보다는 좀 서둘러 먹이를 제공하는 것이 좋겠다. 잘게 썬 채소와 칼슘보충제를 급여해야 하며, 수분을 공급하기 위해 매일 온욕을 시키는 것이 좋다. 갓 태어난 해츨링은 비바리움에서 사육하는 것이 바람직하며, 앞장에서 다룬 '사육장' 편에서 제시된 조언을 따르면 된다. 이때 특히 중요한 것은 은신처를 제공해야 한다는 점이다. 야생에 천적동물들이 많기 때문에 갓 태어난 해츨링과 어린 거북은 본능적으로 은신처를 인식하게 된다. 또한, 이러한 행동방식은 적절한 미세기후지역으로 이끌어 생존율을 높이는 데 도움을 준다.

이렇게 필요한 모든 조건들이 제공되고 해츨링이 새로운 사육환경에 잘 적응하게 되면, 해츨링은 곧 어디에서 먹이가 오는지 학습하게 될 것이고 사육장 문 앞에서 사육자를 기다리고 있는 귀여운 모습을 보게 될 것이다.

Chapter 07

지중해 육지거북의 종류와 특징

유럽종, 아프리카종, 아시아종 등 서식지에 따른 지중해 육지거북의 종과 그 아종에
대해 살펴보고, 각 종이 테스투도속의 다른 종들과 구별되는 특징에 대해 알아본다.

01
section

그리스육지거북
콤플렉스(complex)

지중해 육지거북은 모두 테스투도속(*Testudo*)에 속하는 근연종으로서 여러 가지 특징들을 공유하고 있다. 지중해 육지거북을 사육할 때 각 종과 아종에 대한 지식 및 정보를 습득하는 것이 매우 중요하며, 이러한 지식을 토대로 자신이 기르는 종에 대한 사육방법을 적합하게 수정함으로써 더욱 효과적으로 관리할 수 있다.

이번 섹션에서는 지중해 육지거북 중 그리스육지거북(Greek tortoise, *Testudo graeca spp.*) 콤플렉스(complex)에 대해 소개한다. 그리스육지거북은 남유럽, 북아프리카, 서남아시아 등지에 광범위하게 분포돼 있는 개체군이며, 아종 또한 매우 많은 그룹이다.

그리스육지거북(Greek tortoise, *Testudo graeca spp.*) 콤플렉스(complex)

그리스육지거북 개체군에는 명확하게 구분할 수 있는 많은 지역별 아종이 존재하는데, 이들 중의 일부는 완전히 다른 아종 또는 아예 다른 종으로 간주될 정도로 구분이 용이하지 않은 경우도 있다. 이와 같은 이유로 그리스육지거북의 전체 개체군은 흔히 '콤플렉스(complex)'라고 통칭해 불리고 있다. 이처럼 분류학적으로 매우

그리스육지거북(Greek tortoise, *Testudo graeca graeca*)

혼란스러운 상황이기 때문에 그리스육지거북 개체군 전체를 일목요연하게 정리하는 것은 어렵지만, 본서에서는 '토르토이즈 트러스트(Tortoise Trust)[1]'의 앤드류 하이필드(Andrew Highfield)가 저술한 문헌에 근거해 분류하고 있다는 점을 밝힌다.

그리스육지거북 콤플렉스는 현재 프랑스, 사르디니아섬(Sardinia), 카나리아제도(Canary Islands), 이탈리아, 시칠리아(Sicily) 등을 포함해 다양한 지역에 걸쳐 널리 이입(移入)[2]돼 있다. 이와 같은 이입현상은 해당 개체가 원래부터 그 지역에 서식하던 것이 알려진 것인지, 아니면 나중에 도입된 종과 교잡된 것인지 파악할 수 없도록 만들기 때문에 개체의 확실한 동정과 분류에 어려움을 겪고 있는 실정이다.

전통적으로 그리스육지거북 콤플렉스는 그리스육지거북(Greek tortoise or Spur-thighed tortoise, *Testudo graeca graeca*; North Africa and South Spain), 골든그리스육지거북(Golden Greek tortoise, *Testudo graeca terrestris*; Israel/Lebanon), 터키육지거북(Turkish tortoise, *Testudo graeca ibera*; Turkey), 이란육지거북(Iranian tortoise, *Testudo graeca zarudnyi*; Iran/Azerbaijan) 등 4개의 아종으로 분류됐다. 그러나 최초의 분류작업에 대한 재평가가 이뤄지고 야생에서 채집한 개체들을 상세하게 연구한 결과, 기존의 4종 외에 두 종

---

1 육지거북 및 수생거북의 복지와 보존에 전념하는 국제교육/연구기관으로 설립된 지 30년이 넘었다(https://www.tortoise-trust.org). 2 자연상태에서 특정 종간 또는 품종 간에 자연잡종이 생긴 후, 다시 양친과의 반복되는 자연교잡으로 인해 어느 한 종에서 다른 종으로 유전자가 침투되는 현상을 이른다.

의 아종이 추가돼 다음과 같이 총 6종의 아종이
그리스육지거북 콤플렉스로 분류됐다. 새
로이 분류된 그리스육지거북 콤플렉스
에는 그리스육지거북(Greek tortoise or Spur-
thighed tortoise, *Testudo graeca graeca*)(Linnaeus
1758), 골든그리스육지거북(Golden Greek
tortoise, *Testudo graeca terrestris*)(Forskal 1775), 터
키육지거북(Turkish tortoise, *Testudo graeca ibera*)
(Pallas 1814), 이란육지거북(Iranian tortoise,

리비아그리스육지거북(Libyian Greek tortoise) 성체 암컷.
테스투도 키레나이카(*Testudo cyrenaica*)로 변경됐다.

Testudo graeca zarudnyi)(Nikolski 1896), 알제리육지거북(Algerian tortoise, *Testudo graeca whitei*;
Algeria)(Bennet 1836), 튀니지육지거북(Tunisian tortoise, *Testudo graeca nabulensis*; Tunisia)
(Highfield & Martin 1989)이 포함된다. 모든 나라의 관계자 합의에 의해 결정된 것은 아
니지만, 일관성을 유지하기 위해 상기의 명명법이 일반적으로 사용되고 있다.

리비아 키레나키아(Cyrenacia; 리비아 동부의 지방명이자 1970년대 초까지 리비아의 주였던 곳)에
서 발견돼 리비아그리스육지거북(Libyan Greek tortoise)이라고 명명됐던 거북들이
현재는 테스투도 키레나키아(*Testudo cyrenacia*)로 재분류됐다는 것도 알아둘 필요
가 있다. 골든그리스육지거북은 모호하게 정의된 아종으로 추정되는데, 아마도 아
직 제대로 연구되지 않은 하나 혹은 그 이상 종에 대한 분류상의 이명(異名)인 것으
로 보인다(http://reptile-database.reptarium.cz/species?genus=Testudo&species=graeca).

그리스육지거북의 분류는 상당히 복잡하다. 3개 대륙의 다양한 지형, 기후 및 생활권에 걸쳐 광
범위한 지역에 서식하고 있어 새로운 변종이 지속적으로 발견되고 있기 때문이다. 본서가 저술된
2006년 당시에는 최초 4개의 아종으로 분류된 것에 2종이 추가돼 총 6개의 아종으로 분류했으나
현재는 아래와 같이 훨씬 세분화해 분류돼 있다. 현재 최소한 20개의 아종이 알려져 있다.

T. g. graeca	*T. g. floweri*	*T. g. perses*
T. g. anamurensis	*T. g. ibera*	*T. g. terrestris*
T. g. antakyensis	*I. g. lamberli*	*T. g. zarudnyi*
T. g. armeniaca	*T. g. nabeulensis*	*T. g. soussensis*
T. g. buxtoni	*T. g. nikolskii*	*T. g. marokkensis*
T. g. cyrenaica	*T. g. pallasi*	*T. g. whitei*

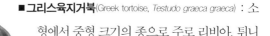

■ **그리스육지거북**(Greek tortoise, *Testudo graeca graeca*) : 소형에서 중형 크기의 종으로 주로 리비아, 튀니지, 모로코 등 북아프리카에 서식하고, 스페인 남부, 사르디니아 또는 시칠리아에서도 발견된다. 그리스육지거북이라고 불리지만, 그리스에서는 거의 발견되지 않는다. 과거에는 많은 종이 그리스육지거북(*Testudo graeca graeca*)으로 잘못 동정되는 경우가 꽤 흔했는데, 그만큼 동정하기가 매우 어려운 종이라고 할 수 있다.

옆에서 본 그리스육지거북(Greek tortoise or Spur-thighed tortoise, *Testudo graeca graeca*) 성체 암컷(위) 위에서 내려다본 그리스육지거북 성체 암컷(아래). 둥근 방패 모양의 추갑판에 주목해보자.

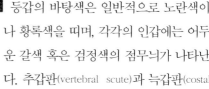

등갑의 바탕색은 일반적으로 노란색이나 황록색을 띠며, 각각의 인갑에는 어두운 갈색 혹은 검정색의 점무늬가 나타난다. 추갑판(vertebral scute)과 늑갑판(costal scute)에서 보이는 이 무늬는 중앙에 큰 반점을 포함하고 있으며, 인갑의 바깥 쪽으로는 더 많은 무늬가 나타나고 거의 고리 모양을 띠는 경우도 볼 수 있다.

복갑을 살펴보면, 복갑판(abdominal scute)과 고갑판(femoral scute) 사이에 경첩구조를 가지고 있는 것을 확인할 수 있다. 이 경첩구조는 암컷 성체에게서 특히 두드러지는데, 복갑의 바닥과 신갑판(supracaudal scute; 꼬리 바로 앞의 작은 인갑) 사이의 공간을 좀 더 여유 있게 만듦으로써 산란이 용이하도록 기능한다. 제1추갑판(first vertebral scute)은 방패처럼 둥그스름한 모서리를 지닌 모양을 띠고, 중앙연갑판(central marginal scute)에는 독특한 삼각형 무늬가 확연하게 나타난다. 신갑판은 대부분의 개체에서 한 개가 보이지만, 드물게 두 개를 가진 개체도 간혹 볼 수 있다.

꼬리 양쪽 옆으로 두 개의 며느리발톱(spur; 박차)이 돋아난 것을 관찰할 수 있다. 그리스육지거북이라는 이름 외에 'Spurred-thighed tortoise(허벅지에 박차가 달린 육지거북)'라고 붙여진 다른 영명은 양쪽 허벅지에 돋아나 있는 이 돌기에서 유래된 것이다. 이 돌기는 2.5mm 정도까지 성장하며, 그 이상 자라는 경우는 거의 없다.

그리스육지거북(Greek tortoise or Spur-thighed tortoise, *Testudo graeca graeca*) 서식지

그리스육지거북은 서식지에 따른 구별이 어느 정도 가능하다. 리비아 계열(현재의 *Testudo cyrenacia*) 개체의 경우 등갑의 바탕은 노란색이 강하고, 인갑에는 이와 대비되는 검은 무늬를 가지고 있어서 마치 표범과 흡사해 보인다. 모로코 계열의 개체는 대부분 어두운 올리브그린색 바탕에 검정색 무늬를 가지고 있으며, 알제리 계열의 경우 밝은 올리브옐로우색에 검은 무늬가 적게 나타난다.

크기 성체 암컷의 경우 대부분 등갑의 길이는 150~190mm, 몸무게는 약 1~1.5kg까지 성장한다. 수컷은 상대적으로 더 작은데, 일반적으로 등갑 길이는 180mm에 몸무게는 1kg을 넘지 않는다. 야생에서는 성체가 되기까지 25년에서 35년 정도가 소요되며, 성체 크기에 도달한 후에도 성장속도는 둔화되지만 죽을 때까지 성장이 완전히 멈추지는 않는다.

그리스육지거북(Greek tortoise, *Testudo graeca graeca*) 어린 개체. 골든그리스육지거북(Golden Greek tortoise, *Testudo graeca terrestris*)에 가까운 형태다. 이처럼 밝은 색상의 모프는 그리스육지거북 서식지 중 더 건조하고 무더운 일부 지역에서 발생하는 것으로 보인다.

성격과 기질 일반적으로 온순하며, 수컷의 경우 터키육지거북(Turkish tortoise, *Testudo graeca ibera*)처럼 공격적인 성향을 보이지는 않는다. 그리스육지거북을 터키육지거북과 합사해 기를 경우 터키육지거북 수컷의 공격성으로 인해 피해를 입기도 하는데, 반복적인 공격을 가해 그리스육지거북의 등갑에 심각한 손상을 입히기도 하므로 합사에 주의를 요한다.

암수 차이 성체 암컷의 경우 수컷에 비해 훨씬 크다. 수컷은 암컷에 비해 꼬리가 더 길고 두꺼우며, 복갑이 보통 오목하게 들어가 있다.

그리스육지거북(*Testudo graeca graeca*) 모로코 계열 수컷 개체

자연서식지 계절별로 식물들이 다양하게 번성하고 매우 건조한 기후지역에서 서식하고 있다. 북쪽 지역에 분포하고 있는 개체의 경우 추운 계절에 동면(冬眠, hibernation)을 하고, 남쪽으로 따뜻한 지역에서 서식하는 개체들은 가장 더운 계절에 하면(夏眠, aestivation)을 한다.

■**터키육지거북**(Turkish tortoise, *Testudo graeca ibera*) : 터키육지거북(Turkish tortoise, *Testudo graeca iberia*)은 그리스육지거북(Greek tortoise, *Testudo graeca spp.*) 콤플렉스의 아종이 아닌 테스투도 이베라(*Testudo ibera*)로 분류해 별도의 종으로 간주되기도 한다. 자연서식지는 그리스 북동부, 터키, 이란, 이라크, 요르단, 시리아가 포함돼 있으며, 북쪽으로는 코카서스 지역(다게스탄-Dagestan, 아제르바이잔, 조지아 동부, 아르메니아)에까지 이른다. 이 종들은 북아프리카에서는 발견되지 않는다.

터키육지거북(Turkish tortoise, *Testudo graeca ibera*) 서식지

터키육지거북(Turkish tortoise, *Testudo graeca iberia*)은 언뜻보면 그리스육지거북(Greek tortoise, *Testudo graeca graeca*)과 형태적으로 매우 유사하다. 그러나 자세히 살펴보면, 그리스육지거북의 첫 번째 정수리 인갑은 모서리가 둥글지만 터키육지거북의 경우 각진 모서리를 가지고 있다는 점에서 차이가 나타난다. 엉덩이쪽 연갑판(marginal scute)은 종종 스커트(skirt)처럼 넓게 퍼져 있는 모습을 볼 수 있다.

등갑과 복갑은 전체적으로 호박색을 띠는데, 각각의 인갑만을 두고 봤을 때는 중앙부는 노란색이고 두꺼운 검은색의 무늬가 테두리를 감싸고 있다. 머리는 매우

터키육지거북(Turkish tortoise, *Testudo graeca ibera*) 성체 암컷. 제1추갑판(first vertebral scute)의 각도에 주목해보자.

건고하며, 눈은 크고 두드러진 모습이다. 앞다리의 바깥쪽을 향해 나 있는 비늘은 넓고 둥글며, 발톱은 짧고 뭉툭하며 검은색이다. 이란의 자그로스산맥(Zagros Mountains) 중부와 이라크 및 터키의 극동지역에서는 비교적 어두운(melanistic) 색의 개체군이 발견되며, 터키 남부와 시리아에서는 더 작고 노란색을 띠는 개체들이 발견된다.

위에서 내려다본 터키육지거북. 머리의 인갑과 늑갑판에 주목해보자. ⓒ Mayer Richard CC BY-SA 3.0

크기 터키육지거북은 지중해 육지거북 종들 중에서 중형에 속한다. 수컷의 갑장(甲長, carapace length; 등껍데기의 전체 길이)은 평균적으로 160~220mm에 이르며, 암컷의 경우는 평균 180~220mm로 수컷보다 조금 더 크게 성장하는 편이다.

성격과 기질 터키육지거북은 영국의 습한 기후에도 잘 적응하는 것으로 알려져 있는데, 이는 이 종이 분포하고 있는 자연서식지의 기후가 극단적인 경향이 있기 때문인 것으로 보인다. 수컷은 특히 다른 육지거북에게 공격적인 성향을 띠며, 자주 다른 종의 수컷에게 큰 외상을 입히기도 하므로 합사에 주의해야 한다.

암수 차이 앞서 언급한 바와 같이, 암컷 성체는 수컷보다 크게 성장한다. 수컷은 더 길고 두꺼운 꼬리를 가지고 있으며, 복갑이 보통 안쪽으로 오목하게 들어가 있다.

자연서식지 건조한 덤불지대에서 서식하며, 추운 기간 동안 내내 동면기를 거친다. ※그리스육지거북 콤플렉스의 아종으로 추정되는 또 다른 사례가 있다. 북동부 흑해 연안에서 발견된 터키육지거북(Turkish tortoise, *Testudo graeca ibera*)의 새로운 개체군을 테스투도 그라이카 니콜스키(*Testudo graeca nikolskii*)(Leontyeva and Demin

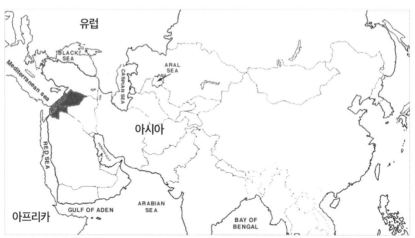

골든그리스육지거북(Golden Greek tortoise, *Testudo graeca terrestris*) 서식지

1995)로 분류해야 한다는 주장이 대두됐다. 이 개체군은 터키육지거북과 매우 유사하지만, 형태학적으로 약간의 차이를 보인다. 이 개체군을 새로운 아종으로 분류해야 하는지에 대해서는 아직 과학자들 간에 의견이 분분한 상황이다.

■**골든그리스육지거북**(Golden Greek tortoise, *Testudo graeca terrestris*) : 골든그리스육지거북(Golden Greek tortoise, *Testudo graeca terrestris*)은 갑장이 최대 250mm지만, 평균적으로는 150mm까지 성장하는 작은 아종이다. 시리아, 레바논과 이스라엘 일대에 서식하고 있으며, 터키에서도 발견된다는 주장이 있으나 근거가 확실하지는 않다.

골든그리스육지거북(Golden Greek tortoise, *Testudo graeca terrestris*)으로 소개되는 개체. 전형적인 형태의 그리스육지거북(Greek tortoise, *Testudo graeca spp.*) 콤플렉스에 속한다. 사진은 나이 든 수컷이다.

제대로 정의돼 있지는 않은 아종인데, 높은 돔 형태의 등갑과 머리에 있는 노란색의 반점을 동정 포인트로 삼아 그리스육지거북(Greek tortoise, *Testudo graeca graeca*)과 구별 가능한 것으로 알려져 있다. 등갑의 바탕색은 밝은 색이며, 보통 중심부에 무늬나 반점이 나타난다. 그리스육지거북(Greek tortoise, *Testudo graeca spp.*) 콤플렉스의 다른 아종에서 볼 수 있는 인갑 측면의 무늬는 일반적으로 잘 관찰되지 않는다. 머리 부분을 살펴보면, 이마와 양옆에 선명한 노란색 반점이 관찰된다.

골든그리스육지거북의 설명과 명명법에 대해 언급하고 넘어가야겠다. 연구자에 따라 이 종을 지금까지 정의되지 않은 종들로 서로 다르게 묘사하고 있는 것을 볼 수 있다. 특히 팔레스타인과 이스라엘 출신의 연구자들에게서 이러한 현상이 주로 나타나는데, 이는 양국 간의 정치적 상황을 고려해 이해할 필요가 있는 부분이라고 할 수 있다(팔레스타인과 이스라엘은 인접해 있는 적대국가라는 점을 기억하자).

■ **이란육지거북**(Iranian tortoise, *Testudo graeca zarudnyi*) : 이란육지거북(Iranian tortoise, *Testudo graeca zarudnyi*)은 이란 및 이란과 인접한 발루치스탄(Baluchistan; 파키스탄 서부에 있는 주)에서 발견되지만, 서식범위 전체에서 매우 드물게 관찰된다. 비교적 큰 종으로 등갑은 윤곽이 완만하고 길며, 등갑의 뒤쪽 가장자리가 살짝 위쪽으로 뻗어 나 팔꽃 모양으로 들려 있는 것을 볼 수 있다. 올리브브라운 색상에 무늬가 거의 없다.

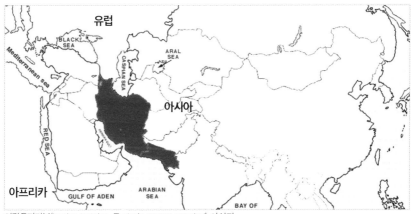

이란육지거북(Iranian tortoise, *Testudo graeca zarudnyi*) 서식지

제1추갑판(first vertebral scute)은 그리스육지거북 (Greek tortoise, *Testudo graeca graeca*)에서 관찰되는 것과는 반대로 터키육지거북 (Turkish tortoise, *Testudo graeca ibera*)처럼 상당히 각진 형태를 띠고 있는 경우를 종종 볼 수 있다. 등갑의 제5추갑판은 제3추갑판보다 폭이 좁다. 추갑판과 늑갑판(costal scute)에는 눈에 띄는 그물 모양의 주름이 대각선으로 이어진 것이 관찰된다.

이란육지거북(Iranian tortoise, *Testudo graeca zarudnyi*)

전면과 후면의 연갑판(marginal scute)에는 반투명한 각질이 뾰족하게 생성돼 있는 것을 종종 볼 수 있다. 복갑의 색은 어두우며, 때때로 밝은 반점이 보이기도 한다. 앞다리는 납작하고 검정색의 큰 비늘로 덮여 있으며, 굴을 파는 작업에 특화돼 있다. 피부색은 옅은 올리브브라운색이며, 눈은 아몬드 형태를 띤다.

크기 성체 암컷의 경우 몸무게가 보통 3.5kg에 달하며, 갑장은 280mm를 초과할 수 있다. 이 종 역시 수컷이 암컷에 비해 크기가 작은 편이다.

자연서식지 건조하고 사람이 살기 어려운 바위투성이의 언덕이나 평원지대에서 서식한다. 일반적으로 1000m에서 2500m 사이의 고도에서 발견된다.

알제리육지거북(Algerian tortoise, *Testudo graeca whitei*) 성체 암컷

■ **알제리육지거북**(Algerian tortoise, *Testudo graeca whitei*) : 알제리육지거북(Algerian tortoise, *Testudo graeca whitei*)은 지중해 육지거북 중 북아프리카(알제리)에서만 발견되는 중형종으로 등갑의 바탕색은 노란색이다.

알제리육지거북(Algerian tortoise, *Testudo graeca whitei*) 서식지

추갑판과 늑갑판의 중앙에 갈색이나 검정색의 무늬가 보이지만, 일부 개체에서는 관찰되지 않기 때문에 이러한 특징만으로 그리스육지거북(Greek tortoise, *Testudo graeca* spp.) 콤플렉스 아종으로 단정하기는 어렵다. 일반적으로 추갑판과 늑갑판의 중앙 부분에서 시작되는 뚜렷한 방사상의 무늬를 가지고 있다. 그리스육지거북(Greek tortoise, *Testudo graeca graeca*)에서 나타나는 연갑판의 삼각형 무늬를 볼 수 없으며, 있다 해도 아주 적다. 이 무늬가 존재한다고 해도 정확히 동정하는 것은 어렵다.

복갑에서 보이는 어두운 무늬는 그리스육지거북 콤플렉스에서 일반적으로 보이는 것보다 더 어둡고 퍼져 있는 것을 확인할 수 있다. 등갑의 전체적인 형태는 그리스육지거북(Greek tortoise, *Testudo graeca graeca*)보다 넓고 평평하다. 허벅지에 커다랗게 돋아나 있는 뾰족한 돌기 형태의 며느리발톱(spur: 박차)을 종종 볼 수 있으며, 일반적으로 꼬리 부분을 향해 옆으로 말려 있는 것이 확인된다.

크기 성체 암컷의 경우 갑장은 평균 240~280mm이고, 체중은 2.0~3.5kg 정도 된다. 수컷은 암컷보다 작으며, 갑장은 약 250mm 내외이고 체중은 약 20~2.5kg 정노나.

성격과 기질 전형적인 그리스육지거북 콤플렉스의 성향을 가지고 있다.

암수 차이 앞서 언급한 바와 같이, 암컷과 수컷의 크기는 조금 차이가 있으며, 이외에 수컷이 더 길고 두꺼운 꼬리를 가지고 있다는 차이점도 보인다.

자연서식지 알제리육지거북의 자연서식지에 대한 정보는 거의 알려져 있지 않다.

■**튀니지육지거북**(Tunisian tortoise, *Testudo graeca nabeulensis*) : 튀니지육지거북(Tunisian tortoise, *Testudo graeca nabeulensis*)은 튀니지에서만 발견되는 소형종이다. 각각의 인갑은 노란색 바탕에 검은색 무늬를 가지고 있다. 추갑판과 늑갑판 모두 중앙에 검은색 반점이 있다. 추갑판은 일반적으로 중앙 및 측면 가장자리를 따라 어두운 테두리를 가지고 있는 반면, 늑갑판은 중앙 테두리는 색이 선명하고 측면 테두리는 퍼져 있다. 특히 제1늑갑판에서는 이러한 테두리선이 희미하게 나타나는 경우가 많다.

연갑판에는 가장자리를 따라 검은색 테두리선이 나타나며, 일부 개체에서는 이 테두리선이 삼각형 형태를 띠고 있다. 복부 중앙 부분에 큼직하고 경계가 불분명한 검정색 영역이 나타나는 것 외에 복갑의 무늬는 특별히 정형화돼 있지 않다. 허벅지에 두 개의 작은 며느리비늘(thigh scale)이 돋아나 있으며, 몇몇 개체에서는 이 비늘이 쌍을 이루고 있는 것이 관찰되기도 한다.

크기 수컷의 최대 갑장은 120mm, 암컷은 130mm 이상으로 수컷의 크기가 암컷보다 상당히 작으며, 등갑의 높이도 수컷이 암컷보다 훨씬 낮다. 암컷의 최대 무게는 800g을 넘지 않는다.

튀니지육지거북(Tunisian tortoise, *Testudo nabulensis*) 수컷

튀니지육지거북(Tunisian tortoise, *Testudo graeca nabulensis*) 서식지

성격과 기질 수컷이 좀 공격적이기는 하지만, 보편적으로 온순한 종이다. 크기가 작기 때문에 사육환경에서 좀 더 수월하게 관리할 수 있다. 비교적 단기간 그리고 온도를 확실히 통제할 수 있는 경우를 제외하고는 동면을 시키지 않는 것이 좋다.

암수 차이 성별에 따라 크기의 차이가 뚜렷하게 나타난다. 다른 아종과 마찬가지로, 수컷의 꼬리가 암컷보다 길고 굵은 것을 볼 수 있다. 수컷의 경우 신갑판(supracaudal scute)이 안쪽으로 구부러져 있으며, 암컷의 경우 신갑판의 크기가 수컷보다 작고 구부러져 있지 않다.

자연서식지 식물이 잘 자라는 목초지 또는 햇빛이 잘 들고 바위와 풀이 많은 숲에 서식한다. 해안지역에도 개체군이 서식하고 있기는 하지만, 일반적으로 건조한 모래지역은 선호하지 않는 것으로 보인다.

정원에 풀어놓은 튀니지육지거북(Tunisian tortoise, *Testudo graeca nabulensis*)의 모습

헤르만육지거북
마지네이트육지거북

이번 섹션에서는 지중해 육지거북 중 유럽에 서식하는 종인 헤르만육지거북 (Hermann's tortoise, *Testudo hermanni*)(Gmelin 1789)과 마지네이트육지거북(Marginated tortoise, *Testudo marginata*)(Schoepff 1789)에 대해 소개한다.

헤르만육지거북(Hermann's tortoise, *Testudo hermanni*)

헤르만육지거북(Hermann's tortoise, *Testudo hermanni*)은 그리스와 주변 발칸 국가에서 찾을 수 있으며, 서쪽에 서식하는 서헤르만육지거북(Western Hermann's tortoise, *T. hermanni hermanni*)과 동쪽에 서식하는 동헤르만육지거북(Eastern Herman's tortoise, *T. hermanni boettgeri*) 등 두 개의 아종이 존재한다. 헤르만육지거북을 테스투도속 (*Testudo*)의 다른 종들과 구별하는 중요한 동정 포인트는, 허벅지 부분에 며느리발톱이 없고 꼬리의 말단 부분에 발톱과 같은 비늘이 존재한다는 점이다.

등갑은 그리스육지거북(Greek tortoise, *Testudo graeca spp.*) 콤플렉스 종들에 비해 살짝 평평한 편이다. 분할된 신갑판의 존재는 헤르만육지거북을 동정하는 데 있어서

헤르만육지거북(Hermann's tortoise *Testudo hermanni*)은 꼬리 끝에 발톱 같은 비늘을 가지고 있는 것을 볼 수 있다.

상당히 신뢰할 만한 조건이기는 하지만, 이것이 절대적인 기준이라고 하기는 어렵다(아종 설명 참조). 헤르만육지거북은 복갑에 경첩구조를 가지고 있지 않다.

■ **서헤르만육지거북**(Western Hermann's tortoise *T. hermanni hermanni*)(Gmelin 1789) : 서헤르만육지거북(Western Hermann's tortoise *T. hermanni hermanni*)은 프랑스 남부, 스페인 남부, 이탈리아, 발레아레스제도(Balearic islands; 지중해 서부의 스페인령)에 서식하고 있다. 동헤르만육지거북과 비교해 크기가 작은 편이며, 갑장은 수컷의 경우 165mm이고 암컷은

서헤르만육지거북 서식지

190mm를 초과하는 경우가 거의 없다. 등갑의 바탕은 노란색을 띠고 있으며, 각각의 인갑에 매우 짙은 검정색 무늬가 있다. 마지막 추갑판에는 종종 분명하고 특징적인 '열쇠구멍' 모양의 패턴이 보이는데, 사실상 서헤르만육지거북은 모두 신갑판이 분할돼 있다. 서헤르만육지거북의 몸을 뒤집어보

서헤르만육지거북(Western Hermann's tortoise, *T. hermanni hermanni*) 나이 든 개체의 등갑과 복갑 무늬

면, 복갑에 2개의 굵고 검은 줄무늬가 복갑 전체길이와 비슷한 길이로 이어져 있는 것이 뚜렷하게 보이며, 이 줄무늬는 밝은 노란색 선으로 중간이 나뉘어져 있다. 다른 종들과 비교해볼 때 머리는 상대적으로 매끄럽고 길며, 뱀과 같이 구불구불한 모양을 띠고 있는 것을 확인할 수 있다.

■ **동헤르만육지거북**(Eastern Herman's tortoise *T. hermanni boettgeri*)(Mojsisovics 1889) : 동헤르만육지거북(Eastern Herman's tortoise *T. hermanni boettgeri*)의 분포지역은 그리스, 발칸반도 및 터키다. 또한, 코르푸(Corfu; 그리스 서북부 해상에 위치한 코르푸섬 및 인근 제도로 구성된 코르푸주의 주도), 시칠리아섬과 사르디니아(Sardinia; 이탈리아 서쪽에 있는 섬)에도 개체군이 존재하고 있다. 이와 같이 서식범위가 매우 넓기 때문에 같은 아종 내에서도 지리적 특성으로 인한 외형적 다양성이 나타나는 것을 확인할 수 있다. 서헤르만육지거북에 비해 동헤르만육지거북의 크기가 특히 더 큰 것을 볼수 있는데, 200mm를 쉽게 초과하고 암컷의 경우 300mm까지도 성장한다.

동헤르만육지거북 서식지

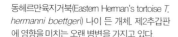

등갑의 바탕색은 녹황색이며, 짙은 색의 무늬는 윤곽이 명확하게 나타나지 않는다. 동헤르만육지거북 가운데 8~18% 정도는 신갑판이 둘로 나뉘어져 있지 않다. 복갑의 무늬는 서헤르만육지거북과 비교할 때 윤곽이 명확하지 않고 특성이 더 다양하게 나타난다. 머리는 서헤르만육지거북보다 짧고 두꺼운 편이다.

동헤르만육지거북(Eastern Herman's tortoise *T. hermanni boettgeri*) 나이 든 개체. 제2추갑판에 영향을 미치는 오랜 병변을 가지고 있다.

성격과 기질 동헤르만육지거북은 성격이 비교적 온순하고, 추위에 매우 강하다. 습도에 대한 내성이 높기 때문에 영국의 기후에도 잘 견디며 적응할 수 있는 종으로 손꼽힌다.

암수 차이 동헤르만육지거북 성체의 암수를 구별하는 주된 동정 포인트는 갑장과 꼬리길이의 차이다. 수컷의 경우 꼬리가 암컷에 비해 매우 길고 두꺼운데, 수컷은 교미를 마친 후 생식기를 체내로 다시 끌어당기기 위한 수축근을 가지고 있기 때문이다. 암컷은 이 기관이 없기 때문에 꼬리가 두껍지도 않고 훨씬 짧은 것을 확인할 수 있다. 또한, 수컷은 보통 암컷에 비해 현저하게 작고, 오목한 복갑을 가지고 있다.

동헤르만육지거북(Eastern Herman's tortoise *T. hermanni boettgeri*) 복갑의 무늬

자연서식지 무성한 초목으로 뒤덮인 삼림지대의 산비탈, 일광욕과 산란을 위해 햇빛이 잘 들고 더 개방된 구역으로의 접근이 가능한 덤불지역에서 서식한다.

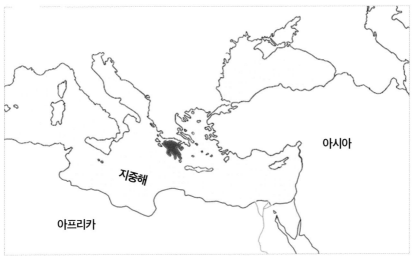

마지네이트육지거북(Marginated Tortoises, *Testudo marginata*) 서식지

※ 헤르만육지거북(Hermann's tortoise, *Testudo hermanni*)의 드워프 형태인 테스투도 헤르만니 사르다(*Testudo hermanni sarda*)는 남부 사르디니아 지역에서 관찰된다. 테스투도 헤르만니 사르다는 마지네이트육지거북(Marginated tortoise, *Testudo marginata*)의 드워프 형태와 서식지를 공유하고 있다.

마지네이트육지거북(Marginated tortoise, *Testudo marginata*)

마지네이트육지거북(Marginated tortoise, *Testudo marginata*)은 일반적으로 그리스육지거북 콤플렉스에 속하는 알제리육지거북(Algerian tortoise, *Testudo graeca whitei*)을 제외하고는 지중해 육지거북 중에서 가장 큰 종으로 간주된다. 서식범위 또한 가장 제한돼 있는 종으로서, 사르디니아와 토스카나에도 개체군이 존재하고 있기는 하지만 자연서식지의 범위는 남부 그리스(올림포스산에서 남쪽으로)로 한정된다.

등갑은 길쭉한 형태를 띠며, 마지네이트육지거북 고유의 특징인 '꼬리 쪽 연갑판이 나팔꽃처럼 확연하게 펼쳐져 있는 모양'을 확인할 수 있다. 이렇게 가장자리가 벌어진 형태(marginataed)로 인해 '가장자리가 뚜렷하게 다른'이라는 의미의 라틴어 '마지나타(*marginata*)'가 학명으로 붙여졌다.

수컷의 갑장은 최대 300mm이고 암컷의 갑장은 보통 약 220~280mm 정도 되는데, 사실상 암컷과 거의 비슷한 크기라고 할 수 있다. 수컷의 갑장이 좀 더 긴 것은 꼬리 쪽 연갑판이 벌어진 형태에 있어서 암수 간 차이가 조금 있기 때문이다.

등갑 자체의 색은 매우 어두운 편이고 종종 검은색을 띠며, 식별할 수 있는 무늬는 거의 없다. 추갑판과 늑갑판의 중심에 밝은 색의 반점을 가진 개체도 있고, 연갑판에는 뿔이나 오렌지색 바탕에 검은 삼각형 무늬가 있을 수도 있다. 신갑판은 한 개를 지니고 있고, 복갑에는 한 쌍의 삼각형 무늬

마지네이트육지거북(Marginated tortoise, Testudo marginata) 암컷 성체

를 가지고 있다. 성체의 몸무게는 2~3kg 정도 된다. 드워프 아종인 테스투도 마지나타 웨이신게리(Testudo marginata weissingeri)는 사르디니아에서 발견되고 있다.

성격과 기질 마지네이트육지거북은 중형종이기 때문에 잘 관리된 정원에 풀어 기를 경우 많은 피해를 입힐 수도 있다. 대체로 성격이 좋은 편이지만, 번식기의 수컷은 다른 수컷이나 암컷에게 공격적인 성향을 보일 수 있으므로 주의를 요한다.

암수 차이 수컷은 암컷에 비해 허리 부분이 가늘며, 길고 두꺼운 꼬리를 가지고 있다. 수컷의 연갑판은 암컷에 비해 더 확실하게 펴져 있는 것을 확인할 수 있다.

자연서식지 건조한 덤불지대나 바위가 많은 지역, 심지어 해안지역에도 서식한다.

03
section

이집트육지거북
호스필드육지거북

이번 섹션에서는 북아프리카에서 서식하는 이집트육지거북(Egyptian tortoise, *Testudo kleinmanni*)(Lortet 1883)과 아시아에서 서식하는 호스필드육지거북(Horsfield's or Russian tortoise, *Testudo (Agrionemys) horsfieldii*)(Gray 1844)을 소개한다.

이집트육지거북(Egyptian tortoise, *Testudo kleinmanni*)

이집트육지거북(Egyptian tortoise, *Testudo kleinmanni*)(Lortet 1883)은 북아프리카가 원산지인 소형의 지중해 육지거북으로, 리비아에서 시나이반도(Sinai; 아시아와 아프리카를 잇는 삼각형의 반도, 이집트의 동북 국경, 홍해와 지중해에 둘러싸여 있다) 지역까지 분포하고 있는 것으로 간주된다. 최근에 이집트육지거북은 나일강 서쪽에서 발견되는 개체를 이집트육지거북(Egyptian tortoise, *Testudo kleinmanni*)으로, 나일강 동쪽 지역에서 발견되는 개체는 네게브육지거북(Negev tortoise, *Testudo werneri*)으로 세분화해 분류하고 있다.

배갑은 보통 노란색 색조를 띠며, 추갑판의 앞쪽과 양옆은 갈색으로 뚜렷하게 구분된다. 그리스육지거북 콤플렉스에서 볼 수 있는 인갑 중앙의 점무늬는 없다. 이

유럽

아시아

아프리카

■이집트육지거북(Egyptian tortoise, *T. kleinmanni*) 서식지　　네게브육지거북(Negev tortoise, *T. werneri*) 서식지

종을 구분하는 가장 큰 특징은 복갑판에서 선명한 두 개의 삼각형 무늬가 관찰된다는 점이다. 피부색은 옅은 노란빛을 띠고 있으며, 허벅지에 며느리발톱은 없다.

크기 수컷의 갑장은 약 90~100mm 정도 되며, 암컷은 120mm 정도로 성장한다. 암컷이 수컷에 비해 많이 크지는 않은 편이기 때문에 구분이 어려울 수도 있다.

성격과 기질 비교적 조용한 성격이지만, 꽤 활동적인 모습을 보이기도 한다. 수컷은 짝짓기를 하는 동안 특유의 울음소리를 내는 것으로 유명하다. 사막지역에 서식하는 종임에도 불구하고 최적의 서식온도는 15~23℃선이다. 30℃ 이상의 고온에서는 일반적으로 활동량이 감소하는 경향이 있고, 하면(夏眠)에 들어가기도 한다.

암수 차이 수컷이 암컷에 비해 긴 꼬리를 가지고 있으며, 총배설강의 모양도 수컷이 더 긴 것을 확인할 수 있다.

자연서식지 목초지 혹은 다양한 식물들이 안정적으로 자리 잡고 있는 곳뿐만 아니라 사막의 모래언덕에서도 서식하며, 잡목이 무성한 곳에서도 발견할 수 있다.

호스필드육지거북(Horsfield's tortoise or Russian tortoise, *Testudo horsfieldii*)

호스필드육지거북(Horsfield's or Russian tortoise, *Testudo horsfieldii*)(Gray 1844)은 테스투도속(*Testudo*)에 속하는 다른 종들과 뚜렷하게 구별되는 몇 가지 차이점을 지니고 있기 때문에 분류학적으로 논쟁의 대상이 되고 있다. 이러한 차이점들로 인해 학계로부터 아그리오네미스속(*Agrionemys*)으로 새로이 분류할 것을 권고받고 있는 실정이지만, 이 문제는 아직 결론이 나지 않은 상태이기 때문에 독자들의 원활한 이해를 위해 본서에서는 테스투도라는 속명을 그대로 사용하고자 한다.

껍데기의 윤곽은 거의 원형에 가까우며, 단단하고 땅딸막한 외형을 지니고 있다. 등갑의 색은 녹갈색이며, 검정색 무늬는 뚜렷한 경계가 없다. 헤르만육지거북과 몇 가지 공통점을 가지고 있는데, 꼬리의 끝부분에 발톱(박차)과 같은 비늘이 있고 (헤르만육지거북만큼 확연하게 나타나지는 않는다) 복갑에는 경첩이 없다. 다리와 꼬리, 목의 피부는 갈색을 띤 노란색이다. 각각의 발에는 발가락이 4개뿐인데, 이 점이 일반적으로 앞발가락을 5개 가지고 있는 테스투도속의 다른 종들과 구별된다.

호스필드육지거북은 주로 아시아에 서식하는 아시아종이며, 서쪽 서식지가 지중해지역의 가장 동쪽지역에 이른다. 동부 이란, 아프가니스탄, 카자흐스탄, 파키스탄(발루치스탄을 포함해)에서 주로 발견되고, 서식범위는 전 소련사회주의연방공화국의 카스피해와 같은 서쪽에서 동쪽의 중국 서부지역까지 확장된다.

크기 호스필드육지거북은 중형에 속하는 종으로 최대 크기는 200mm 정도 되며, 일반적으로 이보다는 훨씬 작은 편이다.

성격과 기질 호스필드육지거북 수컷은 상당히 공격적인 성향을 띨 수도 있으며, 다른 개체에게 심각한 교상을 입힐 수 있다. 하지만 테스투도속의 다른 종들에 비해 들이받는 행동은 심하지 않은

호스필드육지거북(Horsfield's tortoise or Russian tortoise, *Testudo horsfieldii*) 수컷

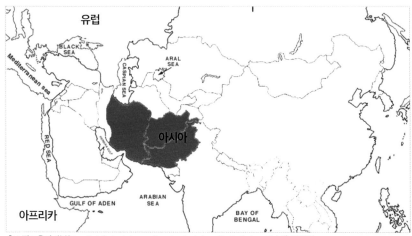

호스필드육지거북(Horsfield's tortoise or Russian tortoise, *Testudo horsfieldii*) 서식지

편이다. 이는 거꾸로 말하면, 다른 종의 수컷은 상대적으로 난폭해 암컷에게 손상을 입힐 수 있기 때문에 암컷을 다른 종의 수컷과 합사하면 안 된다는 것을 의미한다. 땅파기와 등반에 아주 능숙한 종이며, 추위에 매우 강한 편이다. 건조한 환경을 제공해야 하며, 축축하고 습한 환경에 노출되면 호흡기질환이 유발될 수 있다.

마지막으로, 호스필드육지거북의 몇몇 개체군은 오랜 동면기간을 가지는데(최대 9개월까지), 이는 곧 평소 먹이섭취량이 엄청나다는 것을 뜻한다. 따라서 사육 하의 호스필드육지거북에게서 비만이 흔히 발생하는 것을 볼 수 있다.

암수 차이 수컷은 암컷에 비해 현저하게 긴 꼬리를 가지고 있는 것이 특징이다. 복갑은 암수 모두 평평한 것을 확인할 수 있으며, 암컷의 크기가 수컷보다 크다.

자연서식지 호스필드육지거북은 상대적으로 건조하고 개방된 초지를 선호하므로 모래가 있는 유라시아의 대초원, 암석지대 또는 산비탈에서 발견된다. 고지대에서도 발견될 수 있으며, 해발고도 2300m 높이에서 발견되기도 한다. 최대 2m 길이의 굴을 파고, 굴 끝에는 넓은 방을 만든다. 파키스탄에서는 마못(marmot, 유럽·아메리카산 다람쥣과의 설치동물)이 사용하다 버린 굴을 차지해 사용하는 것으로 알려져 있다.